李 韵 │ 编著
封国宝
李小军

说

大 中的

3D打印

化学工业出版社

·北京·

内 容 简 介

探索浩渺宇宙是人类从诞生以来就孜孜以求的梦想。3D打印技术是近年来最重要的技术发展方向之一，被誉为"将改变二十一世纪人类生活和生产的重大技术突破之一"。这两者的结合赋予了"太空中的3D打印"极高的科技含量、极强的应用潜力。本书从未来太空中重要的技术发展方向之一——3D打印技术出发，重点阐述太空中3D打印的定义、技术手段及其重要的应用场景。

本书主要介绍了太空中的3D打印新技术、新应用和未来展望。怎样在空间飞船中实现"废物回收利用"？怎样在月球表面打印"房子"？在深空探测任务中飞船的零部件出现故障了怎么办？这些有趣的问题都将在本书中找到答案。

本书结合了作者及其研究团队多年来在卫星载荷新技术研究领域积累的丰富工程经验和深厚的理论基础，图例翔实、深入浅出，兼具科普性与科研性。开卷有益，愿每一位翻开本书的读者能以此为支点，撬动属于自己的星辰大海之旅。

图书在版编目（CIP）数据

图说太空中的3D打印/李韵，封国宝，李小军编著. —北京：化学工业出版社，2023.1

ISBN 978-7-122-42354-2

Ⅰ.① 图… Ⅱ.① 李…② 封…③ 李… Ⅲ.① 星际站-快速成型技术-图解 Ⅳ.① V476.1-64② TB4-64

中国版本图书馆CIP数据核字（2022）第189090号

责任编辑：张海丽　　　　　　装帧设计：溢思视觉设计/张博轩
责任校对：宋玮

出版发行：化学工业出版社
　　　　　（北京市东城区青年湖南街13号　邮政编码100011）
印　　装：天津图文方嘉印刷有限公司
710mm×1000mm　1/16　印张10　字数148千字
2023年1月北京第1版第1次印刷

购书咨询：010-64518888　　　　售后服务：010-64518899
网　　址：http://www.cip.com.cn
凡购买本书，如有缺损质量问题，本社销售中心负责调换。

定　价：69.80元

太空中的3D打印在卫星设计与制造、火箭研发、空间飞船在轨全生命周期安全运行、深空探测等领域具有广泛的应用潜力，是中国、美国以及欧洲各国重点发展的太空关键技术之一，在一定程度上影响着月球基地建设、深空航行与探测等国家重大工程的研究进程，也是广大科研工作者和航天科技爱好者重点关注的领域之一。

3D打印，也称为增材制造，通过将原材料逐层沉积叠加的增材制造工艺构建，是从数字模型文件创建三维实物对象的制造过程，也是从虚拟构想空间到现实物理世界一种直观的表达方法。3D打印既是与时俱进的新技术，也是颇具历史的成熟想法。早在20世纪40年代，从3D打印概念萌芽伊始，科学家们就一直尝试用这种直观的手段来堆出构想的结构。但直到20世纪80年代，世界上首台结合了电脑绘图、固态激光与树脂固化技术的商业3D打印机横空出世，3D打印无法实现的禁锢就此被打破。在此之后，随着各种可用于打印的材料的使用以及包括熔融沉积、激光烧结、光固化等多种打印工艺的发明，3D打印已经可以实现从聚合物、陶瓷、金属到非晶合金等多种材料基的复杂结构制造。

3D打印是一项革命性的制造技术，因其颠覆性的工艺手段以及改变当前制造工艺的巨大潜力，在各行各业引起了广泛关注，被誉为工业4.0时代的关键技术之一。未来，人类还将开拓更广阔的空间，3D打印正助力人类的太空探索之路。对于包括在轨工作、空间旅行、深空探测、行星基地建设之类的航天活动而言，由于原材料稀缺、运输成本高昂和周期漫长等一系列问题，使得太空3D打印成为突破航天任务物资缺乏局限性的关键手段。3D打印可以帮助航天员在太空中按需创建物体，如用于维修的替换零件、科学实验的定制设备，甚至食物和建筑物之类的人类移居太空的必需品，变革性地改变太空探索方式。目前，各国航天局正在考虑不久的将来在月球甚至火星上建设3D打印星球基地。

本书采用图说的方式，围绕国内外太空中3D打印技术的应用和构想展望进行阐述。全书包括四大部分、八个章节的内容。其中，第一部分主要介绍了3D打印的概念和目前主流的3D打印技术，阐述了为什么要在太空中发展3D打印技术、与地面的区别以及所面临的挑战；第二部分主要介绍了在轨3D打印的技术现状和一些应用实例；第三部分主要介绍了太空中3D打印所使用的新材料和新技术的应用；第四部分则描述了未来太空中3D打印的发展展望，以及3D打印对未来星际旅行中航天员生存、医疗和飞行任务等物资的自我补给的技术构想。

本书的第1～5章由李韵研究员编写，第6章、第7章由封国宝博士编写，第8章由李小军研究员编写。本书还得到了多位专家学者的指导，在此感谢中国空间技术研究院西安分院董士伟、李琪、葛锦蔓、刘硕、李亚峰对本书提供的宝贵意见和支持。感谢西安铂力特增材技术股份有限公司陈彬、熊依萌对本书提供的宝贵意见和部分插图。本书的部分工作获得国家中组部青年拔尖人才项目、陕西省"特支"计划青年拔尖人才项目、自然科学基金项目（项目编号12175176、61901360）的资助。

太空中的3D打印是新兴的、涉及交叉学科的细分技术领域。近年来，各航天大国在计算机技术、机器人技术、智能制造技术突飞猛进式发展的支撑下，逐步规划3D打印的发展蓝图。编写一部通俗易懂、介绍工程应用实践的太空中的3D打印技术的科普类书籍，归纳当前的技术现状和未来展望，正当其时。本书在编写的过程中参考和引用了部分国内外航天机构的相关资料，本书的完成得益于这些开创性工作的构想和实现，在此深表感谢。

由于编著者水平有限，加之时间仓促，书中难免有诸多不当之处，敬请广大读者批评指正。

编著者

2022年8月

目 录

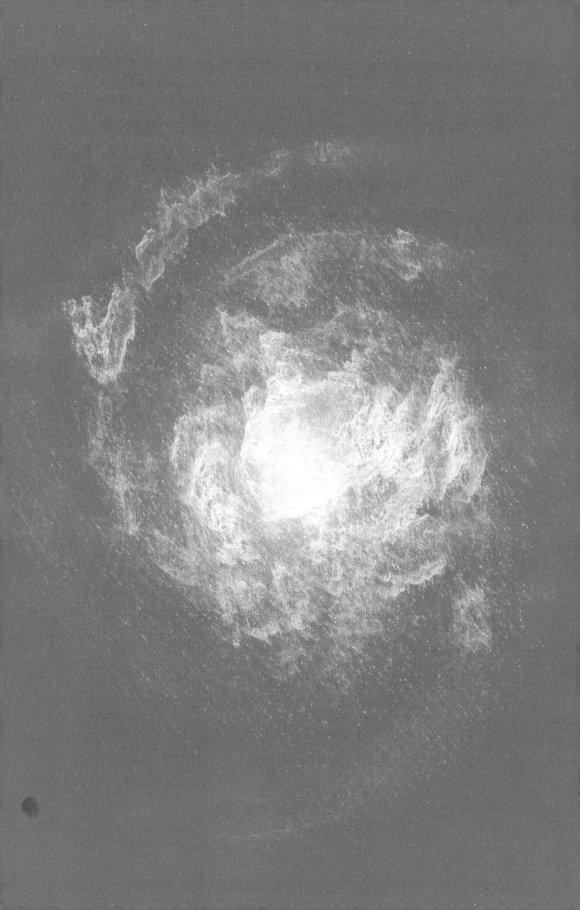

第1章

什么是太空中的 3D打印

3D打印技术自起源至今的数十年中，得到了长足发展，更是被誉为工业4.0时代改变传统机械加工方式的新技术之一，获得了各国广泛的关注。对于航天工业而言，3D打印技术对于卫星、火箭的新型制造方式、智能制造、在轨补给、深空探测等领域均有着积极的推动作用，将大幅降低航天器的研制成本、缩短研制流程，甚至有望解决现有技术所不能解决的难题，产生颠覆性的创新成果。

由于3D打印技术所展现出的成型速度快、材料利用率高、生产周期短、定制生产费用低廉、数字化程度高、利于智能制造等突出优势，我国推出了《国家增材制造产业发展推进计划》，并制订了3D打印的科技发展计划，在通过3D打印技术制造高性能大型部件方面处于领先地位；美国在实施先进制造业强国计划中，先后创立了美国国家3D打印技术创新中心、发布了《太空3D打印》报告；欧洲航天局也在积极寻求利用3D打印技术建造月球基地和实现小卫星金属3D打印等新技术的突破。

太空中的3D打印技术呈现出了蓬勃的生命力，随着各国航天机构的加入，在材料、设备、打印技术等多个方面均获得了一定的前期发展，为未来投入更为广泛的应用奠定了基础。

太空中的3D打印定义比较广泛，凡是在太空中运行的航天器，包括卫星、空间飞船、空间站等，以及探索外太空过程中建造的星球基地等，甚至是运载航天器的火箭等应用了3D打印技术时，我们都将其定义为太空中的3D打印，既包括了在地球上生产和制造航天器采用的技术，也包括了在太空中进行原位3D打印时可能采用的技术（图1.1）。

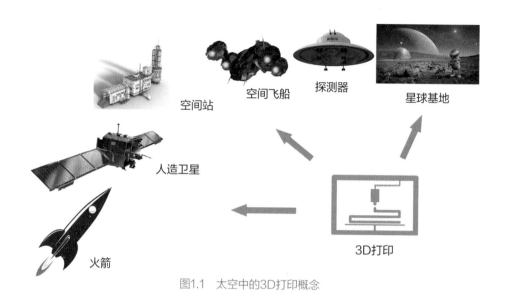

图1.1　太空中的3D打印概念

1.1　什么是3D打印

3D打印又称为增材制造，与传统机械加工的减材制造相对应。计算机数字化控制精密机械加工（CNC）是目前加工制造业在对加工精度要求较高时主流的生产方式。在给定的金属块材上，CNC主要通过数控机床给出加工路线，然后刀头按照给定的路线来回运动，在金属块材上完成车削、铣削等工艺，直至加工完成。CNC加工质量稳定、表面粗糙度较好，但是在一定程度上存在对原材料的浪费较大、无法加工内部复杂结构、定制生产成本较高等问题。由于传统的机械加工方式往往通过将一大块原材料逐步削减得到所设计的产品，因此很形象地将其定义为"减材制造"。

3D打印则与此不同，对原材料能做到"即用即取"，避免了原材料的浪费；同时，能够在三维空间中完成复杂外部结构、中空结构，尤其是内部具有复杂构型的产品的生产。增材制造,顾名思义,就是通过将原材料一点一点堆积来得到所设计的产品,与减材制造技术存在区别。与其他加工技术相比,3D打印技术具有设计灵活、加工周期短、定制化设计与实现成本低廉、不需要额外的拼接和组装等优势。

在我们日常生活中,通过打印机可以将二维的数据打印为平面的图形,获得颜色艳丽、与数据模型相差无几的照片。我们可以将3D打印想象为三维空间中的"照片"打印。所不同的是,我们首先需要建立三维的数据模型,然后通过3D打印机,将三维数据模型在真实空间中逐层"打印",获得最终想要的三维实物(图1.2)。就像乐高积木的堆砌过程一样,3D打印机喷出的"墨水"就相当于砖块,最终堆砌出我们想要的形状。我们常说"万物均可3D打印",意思就是指3D打印的范围广泛,包括各种生活用品、工业设备,甚至食物和人体器官等。

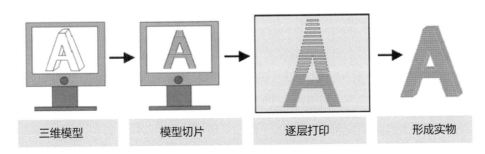

三维模型　　　　模型切片　　　　逐层打印　　　　形成实物

图1.2　3D打印实现过程

3D打印技术起源很早,甚至可以追溯到19世纪末的照相雕塑成型和地貌成型技术。在很多科幻片中,我们也能看到3D打印机的雏形和影子。但是真正意义上3D打印技术的诞生,始于世界上第一台商业3D打印机的开发——1986年美国的查尔斯·豪尔获得了有史以来第一件组合电脑绘图、固态激光与树脂固化技术的3D打印机的发明专利。在此后的十余年间,人们逐渐发展出了多种3D打印技术和相对应的3D打印机,可用于3D打印的材料也逐渐丰富。

3D打印技术最重要的创新在于将传统制造业中的"为了制造而设计"转变为"为了需要而设计"。在传统的加工制备中,受限于加工技术,设计师在设计阶段首先需要考虑的就是设计的可实现性。例如，对于太空中使用的微波器件而言，设计师很少考虑设计成球形。因为相比于柱形，球形结构稳定性更差，而且无法用传统的方法一次加工成型。再例如航天器的燃料箱，需要采用尽量少的原材料在尽可能大的压力下容纳尽可能多的原料，最佳选择显然是球形，但在实际使用中往往采用立方体形容器，不但在棱角和边缘处存在结构弱点，而且不能将空间利用做到最大化，这也是受限于现有的加工技术。再例如对于部分电子器件而言，连接处往往是性能受影响最大、也是最为脆弱的环节，如果工程师能够将多种元器件一体化加工制备，尽量减少连接，对于系统稳定性和性能的提升将大有裨益。这些都是3D打印技术能够为现有技术提升带来的好处，在理想情况下，它使设计师在设计时可以真正地从实际需要出发，设计出性能更优的产品，并通过3D打印将其实现。

三维模型、打印机、原材料是进行3D打印的三要素。实现3D打印的第一步就是需要一台可将三维数据转换成实物的3D打印机。根据设计需要和打印机的类型，选择适用的原材料是第二步。最关键的一步就是三维模型的创建了。"一千个读者眼中有一千个哈姆雷特"，同样，当制备实现不再受限于加工工艺时，同一种制备实现可能诞生无数种可能的设计。怎样获得原材料最少、结构最优化、性能最佳的设计方案，对于各行各业运用3D打印进行设计和创造的工程师而言，都是需要重点关注和考虑的事情。

1.2　为什么要3D打印卫星等航天器

对于航天工业而言，3D打印同样为工程师打开了一扇想象的大门。当产品实现不再受限于加工工艺，对应于实际需求的每一项新方案的产生都可以称之为一件艺术品，可能同时兼具功能、材料、设计方面的创新。

除了制备传统工艺无法实现的、具有独特优异性能的特殊形状外，3D打印在太空中的应用远比我们想象的更为广阔。

对于在地面完成加工制备的航天器而言，由各种各样的元器件、机械组件等构成，结构和功能十分复杂。例如，典型的通信卫星由天线、接收机系统、数字信号处理系统等组成。而对于空间站而言，由于要保证航天员长期生活、工作，需要配备的装置更繁杂和全面，但是每件装置所需要的产量往往较小，而且受太空中严苛的体积和重量限制，对于这些装置往往有不同于地面应用的特殊要求。航天工业是一个小批量生产的工业，对于部分元器件和材料而言，不同于地面上商业产品大批量生产，往往仅需要少数样件，但是要求制作精良。传统的加工工艺通过大批量生产来降低成本，而对于个别元器件的特殊定制则费用高昂，或者对于某些加工流程而言，如金属注塑成型技术，可以生产出精度高、质量好的产品，但是往往需要制造数万个产品来降低模具的成本。采用3D打印技术，可以克服传统制造业面临的许多问题，对于特定应用需求和场景下个别元器件的定制化设计与实现，具有加工流程更短、费用更低等优势。

3D打印为太空应用场景模型的制作带来了新的技术支持。对于火箭研制、太空中应用场景的模拟而言，如果能够先建立等比缩小的模型，则能够让航天工程师对于产品有更为直观的认识，对于设计的效果和性能形成更准确的预判。而这样的模型制作往往具有结构复杂、精细化程度高、生产样件少等特点，采用传统加工技术往往受到费用高昂和难以加工的限制。而3D打印的工艺特点使其特别适用于太空模型的制作。首先，3D打印技术易于制作各种复杂结构、特殊结构的样件（图1.3）。其次，3D打印技术不受批量化生产模具的限制，为太空应用场景中模型的制作带来了新技术曙光（图1.4）。

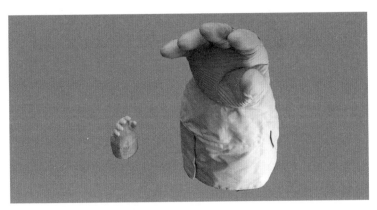

图1.3　3D打印航天员手套（来源：欧洲航天局）

图1.4　3D打印火箭模型

　　航天工业对于降低体积和重量的追求是永恒的，这是由于体积和重量的减少将意味着各项成本，尤其是发射成本的大幅降低，甚至直接影响航天器发射任务的成败。如何在苛刻的体积和重量要求下完成符合性能指标要求的设计，是困扰卫星总体设计师和技术设计师的关键问题之一。3D打印技术为产品的减重设计带来新的可能，主要体现在新型结构设计和实现、现有结构的减重处理、连接装配点减少等方面。传统的制造工艺中，元器件或设备为了实现特定的功能，往往需要额外的支撑结构、连接结构，如火箭发动机的高压连接装置、波导连接中的法兰盘以及腔体结构的剖分与连接等，带来重量的大幅冗余。图1.5所示为典型的减重设计，通过一体化加工不仅减少了连接处的冗余结构，而且可以减薄腔壁，并进一步在现有结构件上使用镂空的点阵结构，在实现所需功能的条件下降低结构件的重量。

图1.5　用以减重的3D打印镂空点阵结构
（来源：欧洲航天局）

对于太空中运行的航天器而言，3D打印技术是多项颠覆性技术实现的关键所在。现有的航天器系统在设计初期首先需要考虑的因素在于能够经受住地面制造、装配、运输，尤其是发射过程中的负载，且发射体积和重量受到运载火箭的严格限制。通过在太空中开展3D打印能够消除这些限制因素，将材料发射到太空中再进行微重力3D打印，实现在轨3D打印的创新性革命。通过在空间运行轨道上布局超大型空间天线，能够实现对于宇宙微弱信号的接收和捕获。但是怎样将超大型空间天线运输到太空中，并在轨道展开非常困难，往往意味着高昂的发射成本，甚至无法实现。2020年，中国将"面向空间超大型天线结构的在轨3D打印技术"列为年度十大航天领域科技难题之一，各国航天机构也在积极探索大规模在轨3D打印技术的实现。实现在轨3D打印意味着仅需要在空间站中完成超大型空间天线的制备，并将其推出舱外，完成展开即可，或直接利用机械臂在舱外完成打印，节省了大量的发射成本，将"不可能"变为"可能"。

3D打印技术还有望为月球基地、火星基地甚至更远星球基地的建造提供解决方案。一旦我们能够掌握在星球上持续建造基地的技术能力，就能够在星球上为航天员和各种设备提供栖息地和信息中转支持，为星球上进一步的资源探测、科学考察等工作的开展提供可能。3D打印技术可以不受建筑形状的限制，工程师能够设计出满足星球特定环境下的基地方案。同时，结合建造资源原位开发与利用技术，能够实现"砖块"的持续建造，直至实现星球基地的建造。各国航天机构和科研机构纷纷发起月球基地建造的科技竞赛和探索活动，吸引了大批的科研人员和感兴趣的学生参与。

除此之外，空间飞船在轨建造、深空探测元器件补给等都离不开3D打印技术。在不可能从地球获得持续、稳定的资源补给时，3D打印技术将成为航天员遇到设备、器件故障，或者创建新工具或器件的可能解决途径，使得人们畅想中未来的星际远航成为可能。

1.3 太空中和地面的3D打印有何不同

太空中的3D打印与地面的3D打印,从设备、材料到能源供给都存在着显著的区别。

太空与地面环境不同,汇集了微重力、高真空、强辐射、空间等离子体、极端温度冷热变化等复杂而苛刻的环境因素,材料乃至3D打印机在该环境下长时间运行时都将面临各种变化的考验,导致性能降低,甚至可能失去功能。

除此之外,太空中的3D打印机不仅要适应微重力等太空环境,还要重量尽量轻、体积尽量小。这不仅是出于降低发射成本的考虑,而且对于空间站或空间飞船的长时间运行也起到节省能量的作用(这对于长时间太空飞行的成败往往是决定因素之一)。对于地面的3D打印机而言,尤其是工业级的3D打印机,往往体积庞大,长达数米,重达数百千克。要实现太空中的3D打印,我们首先需要实现能够在微重力环境下在空间任务中长期、稳定运行的3D打印机器,这对于航天器在轨运行、深空探测中稳定的材料和设备补给十分必要。尤其对于深空探测和其他星球的基地运行而言更是如此,此时要从地球获得往返货运补给代价高昂,几乎不可能完成。

太空中的3D打印所使用的材料也与地面有所不同。例如,星球基地的建造,通常考虑采用星球上已有资源进行原位筑造。而在空间飞船中和在轨3D打印中,受限于材料的补给,往往需要采用现有的材料和已有的元器件进行循环利用。

对应于太空中3D打印的模型设计,同样要求在重量轻、体积小的前提下,额外考虑特定应用场景下的需求进行设计。

1.4 太空中的3D打印所面临的挑战

太空中与地面的3D打印有着诸多不同,也面临着诸多挑战。

首当其冲的挑战就是太空中恶劣的环境因素(图1.6)。对于在轨3D打印,一般3D打印机放置于空间站或空间飞船内部,将空间中极端温度环境、高能质子、空间等离子体、宇宙射线屏蔽在外,对机器产生的影响可以忽略不计。但是,对于3D打印而成的产品而言,如工作于舱外的空间天线、小卫星等,要实现长期、稳定的在轨运行,由于空间环境引发的可靠性问题是其面临的重大挑战。

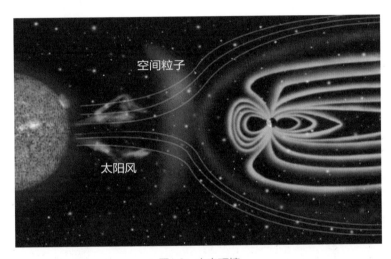

图1.6 太空环境

太空中的微重力甚至零重力环境也将对3D打印机的加工精度、材料的固化过程、设备的固定方式和位置步进方式产生显著影响,并将影响打印产品的力学性能和功能性。在微重力环境中,重力仅为地球上的万分之一到百万分之一,给新型打印工艺和打印机的研制带来巨大的挑战,需要开展进一步的在轨验证。

太空中的3D打印往往在有限的人力参与或者无人操作/值守条件下进行,如何进行模型、遥控指令、状态监测等数据的传输,建立稳定的设备-地面通信链路,是实现稳定的太空3D打印,尤其是太空中智能制造的前提。

对于太空基地的3D打印建造而言，困难是多方面的。一方面，缺乏充足的原材料，从地球运送原材料费用高昂且不切实际。尽管很多星球上都具备粉尘、岩石等建造原材料，然而这些原材料的组成显然是与地球有所区别的，还需要因地制宜，开发适合于该星球的建造原材料的制备方法。另一方面，打印机还需要能够在星球上极端环境下正常工作运行。微重力、粉尘、辐射、极端温度变化，这些因素都可能导致地球上能够直接运行的机器到了星球上"水土不服"，不再正常工作。此外，打印机的自主工作、远程控制和可持续供给的能源也是亟待解决的问题。

1.5　太空中的3D打印展望

太空中的3D打印正逐渐从地面建造、空间站中的实施验证，向月面建造、火星建造发展，并将在未来人类太空探索活动中展现出多种多样的应用前景（图1.7）。

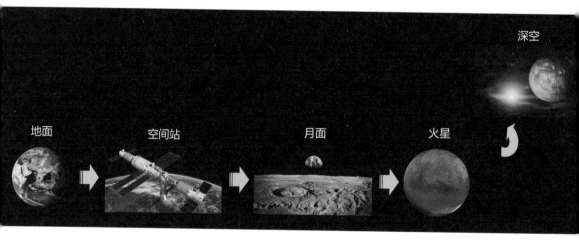

图1.7　太空中的3D打印发展历程

在地面的研究开展得越充分，越有利于对在太空中打印的零部件、制造的设备、建造的平台等进行前期技术研究和验证，从而充分评估其可行性和风险。

目前，航天工程师已经研制出部分可打印的结构、电子器件和航天器零部件（图1.8）。

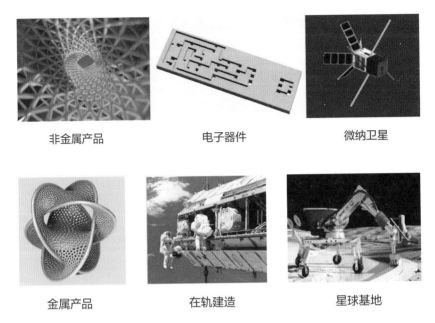

非金属产品　　　　　　电子器件　　　　　　微纳卫星

金属产品　　　　　　在轨建造　　　　　　星球基地

图1.8　太空中3D打印应用

在空间站中可以充分评估微重力、高真空环境等对建造过程和形成的产品性能的影响。目前，中国、美国等国家均开展了一定的空间站在轨3D打印的工作，对于后续微小卫星的在轨建造、空间大型装置的在轨建造、太空中材料的回收等提供了试验数据和基础。

在月球、火星上通过3D打印建造基地也得到各大航天机构和各国科学家广泛的关注。这些科研活动的开展，将为人类深空探测、远距离深空航行等深空活动的开展绘制美好的蓝图。

太空中的3D打印目前仍处于前期探索阶段，在航天器制备、大规模空间建造等空间活动的开展中仍存在许多技术难点需要进一步研究；部分技术领域存在技术空白，仍需进一步探索，以保障人类后续执行高质量的太空作业、高端航天任务和深空探险。

第2章

目前已有的 3D打印技术

3D打印机是实现3D打印最为重要的载体。与此相对应，近年来已经发展出多种3D打印技术，能够实现不同材料、不同模型、不同结构的打印工作。按照材料属性不同，可以将3D打印机分为金属3D打印机、非金属3D打印机、特殊材料3D打印机等。而根据不同的打印成型技术，可以简单地将3D打印技术分为熔融沉积成型技术、激光烧结技术、光固化成型技术等。

2.1 熔融沉积成型3D打印技术

熔融沉积成型（FDM）3D打印技术的工作原理为：将材料加热熔化，从喷嘴以一定尺寸挤压喷出，然后喷嘴按照软件预先设置好的路径在工作台平面上运动，形成一层图形后，工作台在垂直方向上下降一层的厚度，喷嘴继续打印，最终形成所设计的三维立体模型（图2.1）。

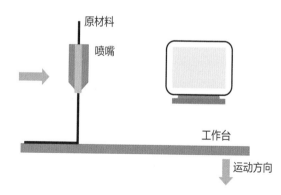

图2.1 熔融沉积成型（FDM）3D打印技术的工作原理

熔融沉积成型技术的优势在于工作原理相对较为简单，不需要激光器等较为贵重的元器件，更易于维护和操作；对工作环境的要求较低，是台式3D打印机的理想候选；打印形成的模型结构强度和稳定性较高，能够满足大部分应用的力学性能要求。

其缺点主要在于打印速度比较慢，不利于打印大型模型；打印精度相比于其他3D打印技术而言较低（现有的工业级FDM打印机的打印精度仅能够达到百微米，也就是0.1mm的精度量级）；同时，打印得到的模型表面相对粗糙，在放大观察时存在台阶效应，不适用于对表面粗糙度要求较高的应用场合。

熔融沉积成型技术目前已经广泛应用于通信、电子、汽车、医药、建筑，甚至玩具、家电行业（图2.2）。

图2.2　FDM打印机与打印的模型

2014年，由美国国家航空航天局（NASA）发送至国际空间站的世界上首台3D打印机采用的即是熔融沉积成型技术，是一台桌面式FDM打印机（图2.3）。这台3D打印机由美国太空制造公司研制，能够在太空中制备一些结构相对简单的常用塑料工具和器件。采用的打印原材料为热塑性塑料——丙烯腈-丁二烯-苯乙烯（ABS塑料）。首先将ABS塑料加热到转变温度，然后通过喷嘴喷射到工作台上，塑料的固化时间几乎是瞬间的。打印机的外形尺寸约为33cm×30cm×36cm。

图2.3　美国国家航空航天局发送至国际空间站的第一台太空3D打印机

　　欧洲航天局在2015年将一台由意大利Altran公司研发的FDM打印机发送到空间站，进行太空中3D打印的验证试验，打印的材料为生物降解材料或无毒塑料（图2.4）。Altran公司将其命名为"POP3D便携式星载打印机"，这款FDM打印机同样是台式结构，体积较小（侧面长度仅25cm）、重量较轻，能够确保在工作过程中不会产生影响舱内环境的多余物质和气体。

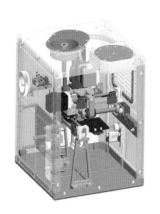

图2.4　欧洲航天局发送至空间站的太空3D打印机及其打印的天线支撑结构（来源：欧洲航天局）

中国科学院空间应用中心与中国科学院重庆绿色智能技术研究院合作，研制了我国首台拟用于太空中3D打印的桌面式FDM打印机（图2.5），并完成抛物线失重飞行试验。试验中，利用每次22s的微重力环境成功实现了打印。

图2.5　中国科学院微重力FDM 3D打印机

2.2　电子束熔丝沉积成型3D打印技术

电子束熔丝沉积成型（EBF）3D打印技术的工作原理为：首先将所需打印的三维模型导入打印机，然后用高能电子束作为能量源，将金属丝材按照设定的形状进行熔化，形成金属熔池，并按设定的轨迹运动，电子束连续扫描，将一个个金属熔池相互熔合凝固，形成特定的形状后，在沉积形成的金属形状上继续采用电子束进行熔融、扫描、沉积，直至最终形成完整的三维模型（图2.6）。电子束熔丝沉积成型3D打印技术有两个必要条件：一是必须提供要创建对象的详细三维模型；二是要打印创建的制造对象所采用的材料必须与电子束兼容，即能够用电子束进行熔融。

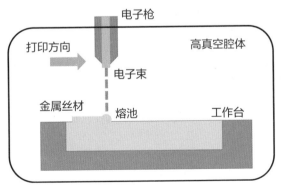

图2.6　电子束熔丝沉积成型（EBF）3D打印技术的工作原理

电子束熔丝沉积成型3D打印技术所采用的原材料为金属。对于航天工业而言，常采用具有耐高温、强度高等性能优良的钛合金作为电子束熔丝沉积成型3D打印技术的原材料。电子束熔丝沉积成型技术的优势主要在于打印速度快（电子束穿透深度更深）、不受三维模型外部形状和内部复杂腔体的限制，能够形成特定的混合复杂结构产品；不需要额外的支撑结构，不用进行支撑结构清理的后处理；设备工作于高真空环境，不受外来杂质的影响；打印过程中温度恒定，形状稳定性好、残余应力低，力学性能远优于普通铸造零件等。

其缺点主要在于成型精度和表面质量较差，而且不适用于不能用电子束进行熔融的材料。因此，电子束熔丝沉积成型技术主要用于制备对外形精度要求不高、对打印对象强度要求较高的结构件和支撑件等。

在太空中应用时，太空具有满足电子束熔丝沉积成型技术高真空工作条件的优势。与此同时，虽然受到微重力等条件限制，但电子枪的功能基本不受影响，可正常使用（图2.7）。采用金属粉末的电子束熔融成型技术，在太空微重力条件下金属粉末可能会以自由状态悬浮，难以堆积定位，而且容易在电子束入射时四处飞溅，造成安全隐患。因此，采用金属丝材的电子束熔丝沉积成型技术是较为理想的太空3D打印技术方案（图2.8）。

美国国家航空航天局兰利研究中心近年来开展了微重力电子束熔丝沉积成型3D打印技术及其打印机的研制工作。

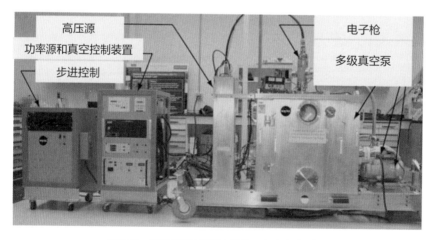

图2.7　电子束熔丝沉积成型3D打印机组成

电子枪

丝材

工作台

位置步进系统

图2.8 电子束熔丝沉积成型3D打印机主要功能及打印的金属结构件

2.3 选择性激光烧结3D打印技术

选择性激光烧结（SLS）3D打印技术的工作原理为：首先建立打印对象的三维模型，并将三维模型离散化成多个小面片，在打印过程中采用高功率激光器将金属、陶瓷、聚合物等材料粉末融合成具有所需三维小面片形状的块，然后根据预设的三维模型将激光器在三维空间进行步进，逐层完成打印。打印一层后，粉末床下降一层的厚度，自动滚筒在前一层的顶部增加一层新的粉末材料，反复以上过程，最终形成所设计的三维对象，再将剩余的未固化粉末除去（图2.9）。在打印过程中，工作台的温度被整体加热升温至稍低于材料粉末的熔化温度，以减少热变形、增强每层之间的结合力。对于金属粉末而言，为了保护其在打印过程中不被氧化，需要在打印机内充入一定的保护气体。根据原材料的不同，采用的保护气体也有所不同。

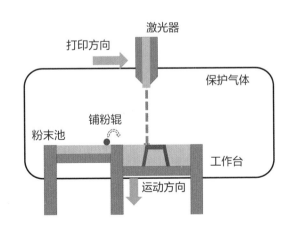

图2.9 选择性激光烧结3D打印技术的工作原理

选择性激光烧结3D打印技术可广泛用于塑料、金属、陶瓷、聚合物等材料的打印。对于航天器应用而言，金属、陶瓷和聚合物是优选的SLS打印材料。相比于其他3D打印技术，选择性激光烧结3D打印技术制成的产品具有力学性能优异、抗老化、环境适应性好等优点，特别适合于需要高机械结构强度、结构复杂的元器件、零件的个性化生产，具有不需要模具、性能优良、相比量产成本较低的突出优势。

但是选择性激光烧结技术的缺陷也是显而易见的，主要体现在冷却时间较长，对加热温度、激光参数比较敏感，需要较长时间的工艺探索；激光系统容易引发额外的危险，不利于家庭或学校广泛使用；3D打印机成本较高等。在航天工业中，可采用选择性激光烧结技术在地面制备用于太空中的元器件或零件等，在太空中使用时，会受到保护气体、粉末原材料等限制而不再适用，需要开展太空适应性研究与验证。

2.4 光固化成型3D打印技术

作为最早出现的3D打印技术之一，光固化成型（SLA）技术由来已久。它的工作原理为：首先建立设计对象的三维模型，将其分割为层状，然后将特定波长和强度的激光作用到光敏树脂的表面，激光器在水平面运动使光敏树脂固化成型，形成一个层的图形，接着升降台在垂直方向运动一层的距离，激光器开始打印固化下一层的树脂材料，层层堆叠，形成最终想要打印的三维物体（图2.10）。由于光敏树脂具有高黏性，在逐层固化的过程中需要用刮刀对每一层固化后的液体进行均匀涂敷，从而实现较好的打印精度和表面粗糙度。

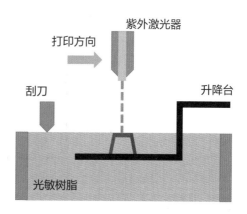

图2.10　光固化成型（SLA）3D打印技术的工作原理

光固化成型3D打印技术最大的技术优势在于打印尺寸精度高（能达到0.05mm的打印精度，部分打印机能达到0.01mm甚至更好的打印精度）、表面粗糙度好。除此之外，该技术还具有对原材料几乎不存在浪费、成型速度快、打印效率高、打印成本较低、可获得透明或半透明的物体等优势。

光固化成型3D打印技术的缺陷主要在于需要支撑，否则会因物理或化学反应导致打印物体的形变；由于采用光敏树脂，打印物体的力学性能较差，不能用于支撑结构的打印；液态的光敏树脂存放条件要求较高，且具有一定的毒性和挥发性，需要考虑对环境的影响。

因此，光固化成型3D打印技术往往用于航天器模型、各种元器件模型（图2.11），尤其是精密零件的模型制作，具有成型快、费用较低、易于个性化生产的优势。对于航天器研制过程中的部分零件，甚至卫星整体模型，可通过光固化成型3D打印技术进行制造可行性、可装配性检验。对于航天器新设计和新方案，往往由于受限于空间和重量要求，结构复杂，在采用光固化成型3D打印技术以后，不但可以基于3D打印的原型模型进行装配干涉检查，还可以进行可制造性讨论评估，确定最佳的合理制造工艺。例如，通过快速熔模铸造、快速翻砂铸造等辅助技术进行特殊复杂零件（如涡轮、叶片、叶轮等）的小批量生产，并进行发动机等部件的试制和试验。

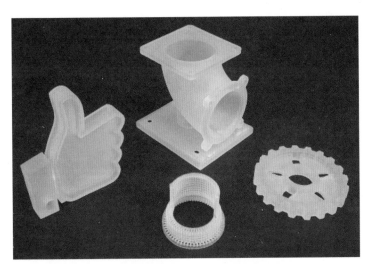

图2.11　采用光固化成型3D打印技术打印的模型

2.5 聚光太阳能发电3D打印技术

为了适应太空中缺乏稳定、可靠的能源驱动3D打印机的现实，科学家们开始探索采用聚光太阳能发电的3D打印技术，这将有利于月球基地、火星基地的建造。

顾名思义，聚光太阳能发电3D打印技术指的是将收集起来的太阳能用于材料的熔化和定型，进而实现所设计模型的打印。

对于地面上的工业3D打印而言，采用激光器发射高能量的激光熔化烧结多种原材料粉末颗粒，可熔化烧结原材料的粉末颗粒包括塑料、金属和陶瓷等。聚光太阳能通过类似的过程，向小面积的粉末施加较高的能量，将其烧结在一起，形成设定形状的烧结粉末层，然后逐层重复该过程，直到打印完成。

要实现聚光太阳能发电3D打印，需要完成以下三个步骤的研究：

① 建立能够表征材料特性和打印流程的物理模型，该模型用以模拟行星外环境中使用聚光太阳能进行月壤等材料的打印；

② 设计和实现打印机系统，系统由光源、聚光透镜、位置定位系统、土壤分布器组成；

③ 采用现代无损评估技术，如红外成像、X射线分析和超声波检测等，对打印出的器件进行评估，评估打印出器件的性能和打印的有效性。

目前，各国科学家针对在真实环境中烧结的星球表层土壤颗粒的材料特性开展研究，以期获得其物理模型，这对于月球基地或是火星基地的3D打印建设将是极为重要的一步。而聚光太阳能发电是能够为星球表层土壤烧结和打印提供清洁、无污染、可持续的绿色能源的最重要途径之一。因此，研究太阳光与星球表层物质的相互作用，对于小行星的光学采矿、月背区域的热力采矿以及以星球表层物质为原料的3D打印原位制造技术都将产生积极的影响。

3D打印
人造卫星与火箭

太空中的3D打印技术不仅包括在轨、在空间站、在深空探测器中开展3D打印，还包括在地面上利用3D打印技术进行卫星、火箭等多种航天器及其元器件的制备。

在地面上进行3D打印时，往往利用3D打印技术能够构造特定复杂结构、复合材料的优势，创造出传统加工工艺不能实现的新形状、新材料与新器件。尤其对于航天器的器件设计和实现而言，采用3D打印往往能够大幅减轻重量、减小体积和减少装配部件数量，对于降低发射成本，具有显而易见的优势。

除此之外，随着3D打印技术在航天器设计与实现中逐步走向应用，还将带来设计技术的革新、成本和费用的显著降低、设计周期的缩短等好处。但值得注意的是，无论是3D打印的卫星微波部件、天线等元器件还是3D打印卫星本身，都需要进一步建立3D打印的行业标准与规范，以评估打印产品的材料特性是否满足太空中运行的标准，如抗冲击力、振动、环境老化、辐射等因素的影响。还需要评估3D打印材料（如塑料和聚合物等）可能对航天器环境产生的影响。

3.1 适合在太空中应用的3D打印材料

随着3D打印技术的发展，涌现出了多种可用于3D打印的材料，包括铝合金、不锈钢、铜合金、塑料、树脂等。但是并非每一种材料都适合在太空中使用，主要是由于太空中的环境相比于地面而言，经历的宇宙环境温度、辐射、等离子体等条件不同。而对于星球基地而言，除了温度和辐射外，还与星球上的湿度、大气组分、粉尘、流星碰撞等环境条件都息息相关。

目前，对于空间中在轨航天器而言，比较适合的可3D打印的材料包括钛合金、铝合金、高分子聚合物等。随着3D打印技术的发展，一定会有更多的新型太空3D打印材料涌现。

3.1.1 ABS塑料

ABS塑料是由丙烯腈(A)、丁二烯(B)、苯乙烯(S)三种单体构成的三元共聚物，三种单体的相对含量可根据应用需要而变化，从而形成各种树脂材料。以ABS塑料为原材料的3D打印技术已经在地面得到广泛的应用，其具有耐化学腐蚀、耐热、弹性和韧性好等优点。与此同时，ABS塑料还具有原材料易于

图3.1 3D打印复杂图案中空塑料球体

获得、价格低廉等优势，在汽车、飞机、轮船等工业中广泛应用（图3.1）。

在太空中应用时，ABS塑料用于在空间站中打印各种工具和日常用品，也可用于各种细小零件的打印和补给（图3.2～图3.4）。尤其对于舱内使用的常见零部件或工具而言，采用ABS塑料进行打印具有额外的好处，此时不需要再考虑舱外恶劣的空间环境和辐射的影响，而主要考虑材料的实用性、易得性和可回收性。ABS塑料无疑是一种很好的备选方案，它能够制备大多数日常生活用品，可保障航天员的基本生活所需和元器件更替，具有价格低廉、原材料易储存、易于回收利用等特点。

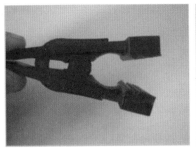
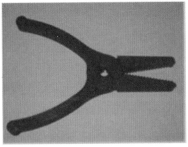

图3.2　3D打印太空中使用的塑料工具

图3.3　3D打印塑料零件

　　在目前的研究中，ABS塑料还可通过形成新型高强度热塑性塑料、增强碳纤维复合材料和其他聚合物基复合材料等，在太空中的导电聚合物打印、电子器件与系统打印等应用中发挥重要作用，甚至可以集成传感器、天线等设备，并与支撑或外壳结构形成一体化共形设计，产生新的设计概念和应用场景。

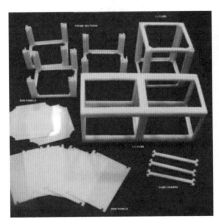

图3.4　采用ABS塑料3D打印立方体卫星外壳和零件

3.1.2　新型高分子聚合物材料

图3.5所示的样件材料是一种适合在太空中使用的高分子聚合物材料——聚醚酮酮（PEKK）。PEKK是特种工程塑料聚芳醚酮中的典型代表，是具有特殊结构的热塑性树脂。这是一种非常高级的聚合物，具有释气率低、抗辐射、耐高温、抗化学腐蚀、耐溶剂等优秀的材料特性。已有研究表明，PEKK能够承受−150～+150℃的温度变化；在火灾中，PEKK可以作为阻燃剂，烟雾产生率和毒性都非常低。

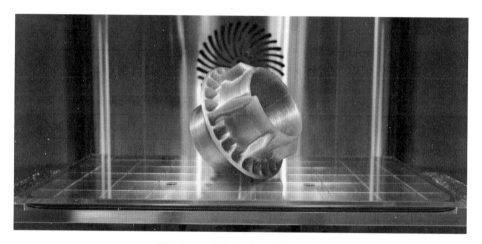

图3.5　3D打印聚醚酮酮结构样件

图3.6所示的3D打印PEKK管道，是将PEKK添加到打印航天器零件的材料中，与已有的碳纤维材料相结合，用于静电荷的消散。

图3.6　经NASA测试的3D打印PEKK管道

3.1.3 金属材料

对于航天器及其元器件的制备而言，铝是常见的金属材料。之所以选择铝，除了其价格较为低廉以外，密度还比较小，这是航天器研制的重要考虑因素。但是铝的一个劣势在于质地比较软。

图3.7是采用3D打印的铝合金样品。

图3.7 3D打印用于卫星的铝合金滤波器

铜合金是另一种常用的3D打印原材料。在火箭推力室组件的打印中，科学家研制了多种铜合金材料。目前，采用激光熔覆沉积成型技术，能够将铜、铬、铌等元素原位熔融产生GRCop-42铜合金材料（图3.8）。当其用于3D打印时，具有电导率高、耐高温、热导率高等优势。

图3.8 3D打印铜合金材料GRCop-42样件

铁镍合金是未来应用于太空中3D打印的一种极具潜力的材料（图3.9）。铁镍合金含镍量的范围很广，根据应用场景的不同还可能添加其他元素，以提升某方面的材料特性。例如，对于火箭推力室结构的3D打印而言，需要材料具有良好的导热性、屈服强度和伸长率。尤其是当腔体中充满液体和气态氢推进剂时，对热和结构的要求更为复杂，挑战极大。

图3.9 铁镍合金

不锈钢也是常用于3D打印的金属材料之一。不锈钢通常具有不生锈、耐腐蚀的优良特性。对于太空应用的3D打印不锈钢材料而言，要求更为严苛，往往还需要具有耐高压、抗氢脆性、抗氧化等特性。可以通过添加不同的金属元素来提高相应的特性。奥氏体不锈钢，如304、310和316不锈钢，具有良好的抗氢脆性，但是屈服强度较低。

殷钢（Invar Steel）属于铁镍合金的一种（图3.10），随温度的变化变形量极小，特别适合于对温度变形有严苛要求的元器件。也由于其优秀的温度特性，在温度变化大但对精度要求较高的航天器元器件制备过程中，是一种重要的备选材料。

图3.10　殷钢

3.1.4　压电材料

压电材料一般是指在受到压力作用时，在材料两端面间会出现电压的晶体材料，广泛应用于传感器等电子设备的制备中。采用3D打印压电材料可用于太空中电子元器件、光子元器件的制备，用于构成所需的电子或光子线路及功能模块。

3D打印压电材料的基材包括塑料、玻璃、硅片、聚合物等。碳纳米管、银、金、二氧化钛、二氧化硅等各种含有表面活性剂的、稳定工作的3D打印墨水正在逐渐涌现（图3.11）。

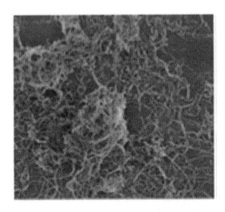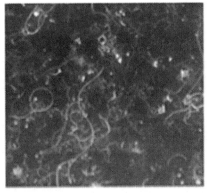

图3.11　3D打印碳纳米管滴注墨点

　　要实现太空中电子元器件的打印与制备，首先要选择和开发利于打印的、性能稳定的原材料，然后需要制备与其相适应的打印设备和打印工艺，并完成电路模块的打印、测试和验证。

3.2　3D打印人造卫星零部件

　　人造卫星，是人造地球卫星的简称，是目前用途最多、应用最为广泛的航天器。人造卫星在不同的地球轨道上运行，执行各种航天任务，是人类迈向太空、探索星辰大海的重要手段。

　　按照卫星的功能和用途，可将其划分为通信卫星、气象卫星、海洋卫星、导航卫星、观测卫星、侦察卫星等。

　　根据卫星运行轨道高度的不同，可将其划分为低轨卫星（绕极卫星，轨道高度低于5000km）、中轨卫星（轨道高度为5000～20000km）、高轨卫星（地球同步轨道卫星，轨道高度在20000km以上）。

　　根据卫星重量的不同，可将其划分为大型卫星（大于3000kg）、中型卫星（1000～3000kg）、小型卫星（100～1000kg）、微小卫星（小于100kg）等（图3.12）。

实践二十号卫星

北斗二号卫星

海洋遥感卫星

X射线空间天文卫星

（a）大型卫星

中星通信卫星

（b）中型卫星

神舟七号飞船伴飞卫星

（c）小型卫星

图3.12 不同类型的卫星（来源：中国航天科技集团）

我国发射的第一颗人造卫星——东方红一号卫星质量为173kg。而我们所熟悉的北斗系列卫星，则由多颗分别工作于地球同步静止轨道、倾斜地球同步轨道和中圆地球轨道的卫星组网而成，能够为全球的用户提供全天候、全天时、高精度的定位、导航和授时等服务（图3.13）。

采用3D打印设计和实现卫星零部件时，主要考虑零部件性能的提升和新设计的实现。

3D打印能够带来的性能提升包括一

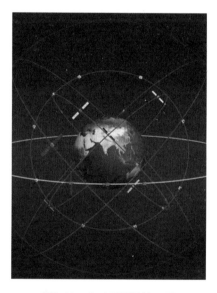

图3.13 北斗系列导航卫星

体化设计、轻量化设计、结构紧凑化设计等（图3.14、图3.15），带来产品重量、体积的显著下降或者是力学、热性能的显著提升。

新设计的实现主要依赖于3D打印工艺对复杂结构，尤其是腔体内部的堆叠特殊结构的实现能力，能够实现传统机械加工工艺不能实现的结构，从而创新设计思路和理念。

常规分离式设计

一体化设计

√ 一体化成型
√ 减少装配
√ 重量减轻
√ 电磁兼容性能更优

图3.14　利用3D打印实现一体化设计

常规矩形腔体设计

异形椭球腔体设计

√ 实现内部复杂结构
√ 灵活化设计
√ 多功能设计
√ 电性能更优

图3.15　利用3D打印实现异型新结构设计

　　在使用3D打印技术进行卫星零部件设计之前,首先需要研究材料和设备特性,获得相关的信息,以满足性能的需求。为此,不仅要确定适当的打印设备的工艺参数,还必须进行材料试验。例如,对于结构强度等力学特性或者密度等材料属性有一定要求的应用场合,从打印样品的最大尺寸到发生断裂前能够承受的最大力,都是开始设计前所必需的基本信息。

　　在充分试验了打印设备的打印能力、材料参数、结构参数后,可以建立材料和设备的数据库,用于后续的设计。

　　在实验的过程中,可以根据产品的特性不断迭代更新参数数据库,以满足后续更复杂、性能要求更高的零部件的设计和实现。

3.2.1　3D打印滤波器

　　滤波器是卫星上常用的一种微波部件,主要功能是过滤一定频率的射频信号,在通信卫星、遥感卫星等系统中有着广泛应用。

3D打印和滤波器设计相结合，能够产生一些什么样的独特优势呢？首先，可以采用3D打印进行一体化设计，去除传统机械加工技术需要将滤波器剖开加工内部结构再装配的烦琐环节，减少装配成本和时间，尤其是会带来重量的减轻，这对于卫星上的应用是极为重要的设计因素。进一步地，通过滤波器器件之间的一体化设计，还能够进一步减少波导法兰等装配细节，这对于毫米波甚至更高频的微波系统而言，对重量的减轻、器件性能不连续性的改善是显著的。最后，可以采用3D打印技术设计一些常规形状以外的复杂结构、异形结构，以达到性能的提升，使工程师设计的灵活度得以大大提高。

图3.16（a）是采用不锈钢材料3D打印的异形滤波器。相比于传统的同轴、矩形腔体设计，这种椭球形结构具有 Q 值更高、体积更小的优点。同时，金属壁厚仅为2mm，大大减轻了传统机械加工的腔体重量，减少了装配流程。图3.16（b）是3D打印异形结构双工器。

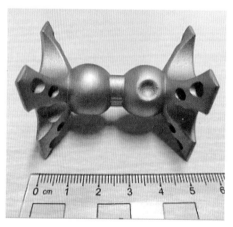

（a）滤波器　　　　　　　　　（b）双工器

图3.16　3D打印异形结构滤波器和双工器

但是，应当注意的是，目前受限于3D打印精度和表面粗糙度的影响，精度不够高、表面粗糙度不够好是限制其在滤波器，甚至在更多微波部件、更高频率系统中应用的主要因素。随着技术的迭代和进步，未来，3D打印在卫星零部件、卫星系统中的应用将更为广泛和普遍。

3.2.2 3D打印天线

天线是卫星等航天器最为重要的组成部分之一。对于通信、导航、数传、雷达等卫星，天线起到收发电磁波信号的作用，是航天器的"耳朵"和"嘴巴"。天线能够接收到的信号的强弱与天线的尺寸直接相关。一般而言，天线的物理尺寸越大，能够接收到越微弱的信号，即接收灵敏度越高。因此，对于航天器而言，天线的设计和实现是重中之重。而大型天线能否成功在轨展开，决定了航天器是否拥有"好听力"。

天线能够3D打印吗？答案是肯定的。采用3D打印技术，我们能设计出各种各样新形式的天线（图3.17）。

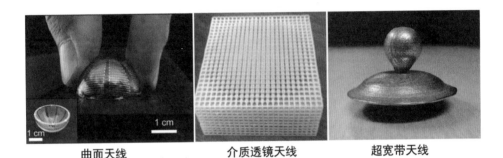

曲面天线   介质透镜天线   超宽带天线

图3.17　各种各样的3D打印天线

而对于太空中的应用而言，3D打印技术对于航天器天线的设计和制备同样重要。

我们可以不再受机械加工的局限，利用3D打印技术打印出各种各样的新型天线，实现性能上的改进。欧洲航天局和瑞士SWISSto12公司采用3D打印技术实现了空间双反射面天线，提高了天线的加工精度，并降低了成本、缩短了研制和交付时间。与此同时，采用3D打印技术还增加了天线设计的灵活度（图3.18）。

图3.18　3D打印双反射面天线

利用3D打印设计具有强度高、体积小、重量轻的支撑结构，能够实现航天器天线的轻量化设计。图3.19是法国泰勒斯·阿莱尼亚航天公司采用3D打印实现用于Koreasat 5A和Koreasat 7远程通信卫星的天线支撑结构，采用镂空的一体化设计，重量减轻22%，成本节约近30%，生产周期缩短1～2个月。

图3.19　3D打印远程通信卫星天线支撑结构

中国航天科工集团第二研究院的研究人员采用光固化成型技术3D打印了可用于导航卫星的宽带介质谐振天线（图3.20），为卫星天线的设计提供了新思路。

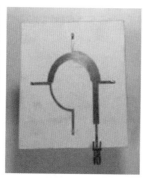

图3.20　3D打印宽带介质谐振天线

3.2.3　3D打印环路热管

环路热管是一种回路闭合环形热管，一般由蒸发器、冷凝器、储液器以及蒸气和液体管线构成，广泛应用于能量的分布、使用，以及剩余热量的回收。平面环路热管在传热方面效率很高，但其圆柱形的常规设计使其难以安装到通常存在热管网络分布的电子设备箱上。

　　由于环路热管有许多部件，因此使用3D打印将有助于降低构建该技术的成本。同时，基于3D打印技术实现环路热管平面设计，也会使设备更容易安装。

　　图3.21中的设计采用环路热管位于电子设备箱之间的"三明治"结构，最大的技术难点在于热管内芯结构的实现。内芯位于热管内部中心位置，其多孔设计中的孔洞宽度应为1～2μm。然而，3D打印技术的加工精度一般只能达到20μm。采用20μm以上的大尺寸孔洞意味着热管内部的压力将下降到较低水平，无法维持环路运行时所需的毛细管力。研究人员正在努力攻克技术难关，欧洲航天局通过研究实现了10μm孔洞的3D打印技术。

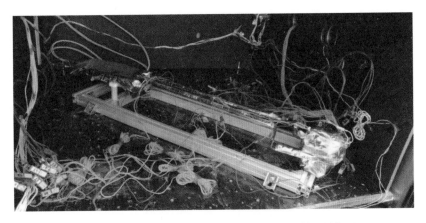

图3.21　3D打印卫星环路热管（来源：欧洲航天局）

　　采用不锈钢制造的试验设备完成了环境测试，在将来的研究中将进一步降低孔洞尺寸，并开展减重设计。

　　这种3D打印环路热管具有更为紧凑的结构，适用于小卫星和立方体卫星的热控设计，能够降低成本和设计复杂度。

3.2.4　3D打印大气分光仪反射镜

　　考虑到3D打印技术所提供的新的制造可能性，重新设计现有的高性能部件是衡量和评估3D打印技术的一种可能的途径。例如，欧洲航天局与荷兰TNO研究所合作，使用3D打印对光学镜面进行重新设计。该器件是地球对流层监测仪器（Tropomi）的大气分光计仪器的关键部件，于2016年在欧洲航天局的Sentinel-5P任务中投入使用。

由荷兰开发的Tropomi通过从穿过地球大气层的光线中筛选出特定的光谱线来识别痕量气体（大气中浓度低于10^{-6}的气体）。要做到这一点，需要一对高精度形变反射镜，以形成一个"光学腔"，将入射光聚焦到仪器中的一个缝隙处，从而形成分光光栅。由于反射镜的光学质量也需要准确实现，这一过程对于3D打印设置了严格的目标。

反射镜的原设计由质量为284.6g的铝和一层镍磷涂层组成。在3D打印的过程中对反射镜重新设计，采用选择性激光熔融技术，制造材料为钛合金。最终设计的反射镜呈现流线型，进行了减重设计，去掉了不必要的重量，最终质量仅为127.7g，采用相同的涂层（图3.22）。最为重要的是，在此过程中，反射镜的光学性能并未下降。这项工作为将来太空中工作的元器件和系统的减重设计提供了新的思路和实现途径。

原设计	新设计	选择性激光熔融
质量：284.6g	质量：129.7g	质量：127.7g
材料：铝	材料：钛	材料：钛合金（Ti6Al4V）

图3.22　3D打印星载反射镜（来源：欧洲航天局）

3.2.5　基于3D打印的新型焊接技术

当航天器在太空中运行时，不同材料之间、不同器件之间、组件与腔体之间的连接往往采用焊接，由此带来一个很大的问题就是：受太空中急剧变化的温度影响，不同材料之间热胀冷缩的比率不同，从而导致材料之间、器件之间断裂或受损。虽然在地面研制的过程中，航天工程师会对航天器进行各种各样苛刻的环境试验，保证航天器在空间中的安全、可靠运行。但是考虑到航天器上成百上千、甚至成千上万的连接结构，仍然给航天器在轨运行带来很大的故障风险。

有什么办法可以减少微小的连接零件、接头，提高焊接的可靠性呢？3D打印技术在新型焊接技术的应用方面颇有前景。

以热交换器为例来说明基于3D打印的新型焊接技术的优势。温度始终是太空中一个特别值得关注的问题。受太阳照射的影响，航天器面临的极端温度可能会变化数百摄氏度。热交换器是航天器上特别有用的零件，主要用于去除多余的热量，或者吸入更多的热量来帮助航天器在太空中保持内部温度的稳定。传统的热交换器设计往往包含长长的弯曲管道，并与带有支架和环氧树脂的金属板相连接。在这些管道中包含了许多互联结构，引入了许多潜在的故障点。

基于超声波3D打印技术能够实现热交换器的一体化制备（图3.23）。新设计中去掉了数十个小零件和接头，降低了在太空极端温度环境下发生故障的概率。

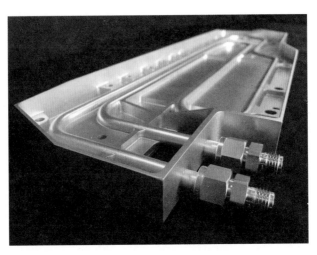

图3.23　3D打印金属热交换器

在热交换器中怎样实现金属与金属之间的焊接呢？这就需要依赖超声波技术了，利用超声波和摩擦力在金属与金属之间形成固态黏合（图3.24）。首先将金属层压在另一个金属部件（如底板）上，通过恒定的压力和超声波振动使得金属之间发生摩擦；然后提高温度去除金属表面氧化物，使纯金属与纯金属直接接触；最后形成固态原子键，将金属焊接在一起。此时，金属与金属结合的温度远低于金属熔化的温度，所需热量大幅减少，从而缩短了焊接和制造的周期。

图3.24　金属层间固态黏合

这项技术对于太空中航天器的先进制造非常有用，可以根据不同金属的属性来制订不同的打印和焊接方案，而在此过程中并不会导致金属的液化和混合。进一步地，这项技术还使得在金属和金属之间、材料和材料之间、器件和器件之间嵌入最佳的传感器成为可能，在嵌入过程中不会由于高温焊接对传感器造成破坏，又能够获得材料准确而实时的数据信息。

3.3　3D打印卫星整体结构

相比于3D打印卫星零部件等功能件，采用3D打印技术进行卫星整体结构的构造相对而言更容易实现。这是由于功能件在力学性能以外，往往对打印尺寸精度、表面粗糙度，甚至电导率等性能参数有着特定要求。采用3D打印进行结构件设计和实现，除了减轻重量外，还可以通过一体化设计实现结构力学性能的提升。

采用3D打印技术进行卫星主体结构制备是目前的主要发展方向之一。采用传统工艺无法实现的复杂结构设计，在保证卫星主结构力学性能的前提下，可实现重量的减轻、结构件数量的减少。

空间点阵结构常常用以表征和描述物质晶体的微观原子/离子结构。例如，许多金属都具有体心立方的空间原子点阵结构。图3.25所示为典型晶体元胞空间点阵结构，是金刚石等晶体的原子空间排列结构。

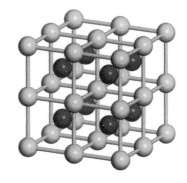

图3.25　典型晶体元胞空间点阵结构

在3D打印技术中，采用类似于晶体点阵结构作为空间三维结构的基础单元，在保证良好的力学性能的前提下实现轻量化设计。然后通过点阵结构的周期性排列，实现宏观的三维结构设计（图3.26）。

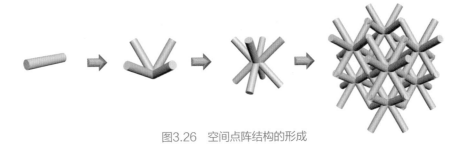

图3.26　空间点阵结构的形成

每种点阵结构的制备工艺、力学性能，都需要在使用前进行理论和试验研究，以确保打印出来的结构具备预期的性能。

3D打印空间点阵结构目前已经应用于卫星主结构的实现。图3.27为中国空间技术研究院（航天五院）总体部设计的点阵结构，是一种金属3D打印的特殊三维结构，实现了轻量化设计，以替代实心的传统板材。

图3.27　金属点阵结构
（来源：西安铂力特增材技术股份有限公司）

图3.28所示为以点阵结构为基本组成单元的卫星主体结构。采用3D打印点阵结构进行周期性扩展时，具有尺寸大、局部精度高等技术优势。采用铝合金3D打印技术，中国空间技术研究院总体部实现了卫星主体结构重量的减轻，同时整星结构零部件数量缩减为5件，设计及制备周期缩短至1个月。整体结构具有空间尺寸大、蒙皮薄的特点，由蒙皮构成的夹层内部密集分布空间网格结构。根据受力情况，该网格结构存在疏密区域，安装孔的位置网格密集，其他位置网格稀疏，在实现零件减重的同时，确保了零件的强度。网格结构的丝径较细，整体大部分丝径为0.5mm，局部密集区域丝径为0.25mm。

图3.28　由点阵结构形成的3D打印蒙皮结构（来源：西安铂力特增材技术股份有限公司）

　　图3.29和图3.30所示的点阵支架也是卫星上承力结构的重要组成部分。通过前期结构理论研究和优化设计，该点阵支架在保证力学性能的前提下实现轻量化性能的大幅提升。

图3.29　由点阵结构形成的
3D打印点阵支架（一）
（来源：西安铂力特增材技术股份有限公司）

图3.30　由点阵结构形成的
3D打印点阵支架（二）
（来源：西安铂力特增材技术股份有限公司）

目前，应用3D打印点阵结构构成卫星主结构的千乘一号卫星已于2019年8月搭乘中国航天科技集团有限公司捷龙一号遥一火箭在酒泉卫星发射中心发射升空，入轨运行情况稳定，验证了3D打印点阵结构在卫星主承力结构中的实际应用。

肼瓶支架作为基于3D打印点阵材料的大尺寸承力件，是遥感卫星在轨推进系统资源平台中肼瓶的支撑结构件，也是整个推力系统的关键承力件。图3.31所示的3D打印遥感卫星肼瓶支架采用6块分别打印的方式，最终组合拼装成直径达1200mm的结构。采用3D打印工艺完成了蒙皮、点阵结构大尺寸结构件的打印，最小壁厚为0.5mm，点阵丝径为0.5mm；和传统工艺相比，该结构整体减重超过60%。

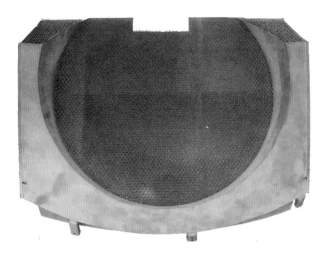

图3.31　由点阵结构形成的3D打印遥感卫星肼瓶支架
（来源：西安铂力特增材技术股份有限公司）

3.4　3D打印火箭

火箭是一种通过喷射介质产生反作用力向前推进的飞行器。从严格意义上来讲，火箭主要用于运载航天器到太空，是实现航天飞行的运载工具，本身并不划入航天器的范畴。

火箭按照用途可以划分为运载火箭、探空火箭、火箭弹、火箭炮等。本书中主要探讨的是运载火箭，用于将人造卫星、载人飞船、空间站、空间探测器等航天器载入太空中预定的运行轨道。

火箭按照动力能源可以划分为化学火箭、电能火箭、核能火箭等。目前，在航天工业中广泛应用的是化学火箭中的液体推进剂火箭(简称液体火箭)。

20世纪初，俄国科学家康斯坦丁·齐奥尔科夫斯基从理论上证明了采用多级火箭可以成功克服地球引力，从而进入太空。而美国火箭专家罗伯特·哈金斯·戈达德进一步结合航天理论和火箭技术，计算得出火箭只有具有7.9km/s的速度时，才能克服地球引力进入太空，从而为航天运载火箭建立了理论基础。

火箭的工作原理可以简要描述为，通过在发动机燃烧室内燃烧液体推进剂，产生大量的高压气体，并从发动机喷管高速喷出，从而产生反方向的推力，使火箭高速前进。当然，实际的火箭控制系统相当复杂。但是，理解基本的工作原理能够让我们明白3D打印技术在其中能起的作用和可能的应用。

3D打印在火箭研制中具有广阔的应用前景。3D打印可用于火箭的减重设计和实现。通过在火箭壳体、发动机外壳上打印实现结构的优化，从而实现轻量化设计（图3.32）。3D打印还可用于火箭发动机等部件的力学性能、热性能的提升。例如，采用一体化结构增加发动机结构的机械强度，利用打印的新材料增强导热性能等（图3.33）。对于常规的分离式结构而言，往往采用先将各部分分别加工，然后再通过焊接或者用法兰和螺钉将其连接在一起，会带来易裂、极端条件下机械强度不够的隐患。一体化设计不仅能够减轻重量，还具有额外的增强机械强度的好处。

常规结构设计　　　　轻量化结构设计　　　常规结构　　　　一体化结构

图3.32　结构优化设计　　　　　　　　图3.33　火箭发动机一体化设计

3.4.1　3D打印火箭发动机组件

　　未来的月球着陆器可能会配备3D打印的火箭发动机零件，有助于降低总体制造成本并缩短生产时间。同样，研发更轻、更高效的液体火箭发动机部件，对于月球、火星和更远星球的发射任务而言，具有重要的意义。

　　基于此，各国的航天机构和研究组织近年来开始开展火箭组件3D打印技术的前期技术验证，如火箭发动机组件的3D打印与试验，并将在后续逐步推动其走向应用。

　　火箭推力室是火箭发动机中完成推进剂能量转化和产生推力的组件。相对而言，固体火箭推力室结构较为简单。液体火箭推力室主要由喷注器、燃烧室和喷管组成。例如，美国发射的土星五号火箭，在第一级火箭的发动机内装有2000t煤油和液氧，而其工作时间为150s。所有的燃料将在150s内被燃料泵从燃料箱泵到火箭发动机喷管中，将输出33000kN的推力，几乎相当于91架使用WS-15发动机的歼-20飞机的推力总和。

　　火箭推力室是液体火箭发动机最为昂贵的部件，不但结构复杂、制造时间长，对性能的要求也很高。火箭推力室还是火箭发动机中最重的部件，其重量的增加会显著增加发射任务的成本。如果能够在保持性能的前提下减轻火箭推力室的重量，那么对于成本的降低、效率的提高都有很大的好处。

　　图3.34展示了火箭推力室组件所采用的3D打印技术和结构组成，这些推力室组件由燃烧室、喷管和接头组成。在火箭发动机中，燃料和氧化剂在燃烧室内混合燃烧。这种燃烧产生热排气，热排气通过喷管加速气流并产生推力。在火箭推力室3D打印实现过程中的主要目标有：① 发展定向能量沉积（DED）3D打印技术在复杂大型喷管制备方面的应用；② 研发可用于减轻重量并为推力室提供结构强度的复合材料覆层；③ 研发双金属、多金属3D打印技术。

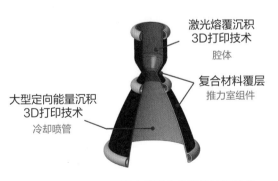

图3.34　3D打印火箭推力室组件结构组成

为了降低火箭推力室的成本，可以采用复合材料替换推力室上的一些传统金属结构件，使用先进的3D打印技术打印燃烧室和喷管，并采用创新的机械方法将两者结合，而不是基于传统的金属接头完成连接（图3.35、图3.36）。3D打印铜制燃烧室的表面具有复合材料覆层。复合材料覆层由碳纤维制备而成，能够为燃烧室提供结构支撑。相比于传统的金属保护套，这种由碳纤维制成的覆层实现的重量减轻高达50%。喷管采用定向能量沉积（DED）3D打印技术进行打印。DED技术首先使用多轴机械臂将材料沉积到表面上；然后利用激光器将原材料熔化、沉积和固化，形成设计的结构。这种打印技术能够大幅降低火箭发动机喷管的制造周期，相比于传统工艺，制备时间能从近两年减少到数月。采用3D打印技术，还能够大大减少零件数量（尤其是连接件的数量）。

图3.35　采用激光熔覆技术打印的两段式腔体结构

图3.36　两种金属混合打印连接处形貌

图3.37～图3.39展示了NASA不同的技术发展时期3D打印火箭推力室组件的外形和结构组成。可以看到，在早期的研究中，首先开展了小型的、分离式器件的打印，仍具有大量的连接结构和设备。为了保证大推力，对连接结构提出了苛刻的设计要求，因此其具有复杂的结构和较大的重量。随后，随着热负荷和结构负荷更具挑战性，推力室向更大规模和更高的腔体压力发展（图3.39）。相比于采用螺栓

连接的结构，采用3D打印的一体化设计显然具有重量更轻、结构强度更好的优势。

图3.37　采用定向能量沉积技术打印具有
复合材料覆层的高强度铁镍高温合金喷管
（来源：NASA）

图3.38　3D打印火箭推力室组件高温
燃烧试验（来源：NASA）

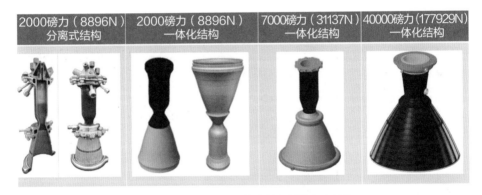

图3.39　采用3D打印技术的不同推力室结构

　　图3.40展示了40000磅力（177929N）推力室结构件的打印过程。结构件采用铜合金打印而成，主要材料为GRCop-42，具有优良的电导率。结构件腔体壁厚由所设计的推力量级决定。

图3.40　40000磅力（177929N）推力室结构件制备过程

2021年5月，NASA报道了其3D打印火箭发动机硬件通过了冷喷涂、热燃烧试验（图3.41）。该硬件主要用于推力室组件的轻量化设计，由两种金属混合打印而成。在试验中，硬件累计启动8次，总热启动持续时间为365.4s。在进行的所有试验中，主燃烧室承受的压力高达5170Pa，计算得出的热气温度接近6200 ℉（3427℃）。设计用于7000磅（31137N）推力的三种不同碳复合材料喷管也进行了测试，并证明了它们能够承受极端环境条件，测得的喷管温度超过4000 ℉（2204℃）。该3D打印火箭发动机硬件顺利的试验过程展示了新的制备技术能力和未来广阔的应用前景。这项3D打印技术在减少硬件制造时间、降低成本方面起到了重要作用。这项试验也是为将来的月球和火星任务所储备硬件的关键测试步骤。

图3.41　3D打印火箭发动机组件及其试验过程

3.4.2　目前已有的3D打印火箭

在德国一家数据分析公司的支持下，英国一个团队采用3D打印技术完成了简易火箭的制造（图3.42）。该火箭质量为3kg，高度与一般成年人身高相当，花费约6000英镑。该团队表示，在获得新的投资后，会考虑将该3D打印火箭发射升空。在发射完成后，火箭上的自动驾驶系统将引导火箭返回地球，而里面的摄像机将把整个过程拍摄下来。

图3.42　3D打印火箭

如图3.43所示，在英国宇航署的支持下，英国太空发射公司Orbex采用选择性激光熔融3D打印技术打印完成了大型火箭的发动机部分，采用钛和铝合金作为主要的原材料，以适应火箭发射过程中所需承受的极限温度和压力。该火箭发动机是目前公布的世界上最大的3D打印火箭发动机，发动机整体由3D打印完成，预计能承受极高的温度和压力变化，整体重量减轻了30%。2022年6月，该公司宣称已完成火箭的全集成并设置在其平台上，将进行广泛的测试、发射演练和发射程序的调整。

图3.43　3D打印大型火箭发动机

3.4.3　3D打印火箭发射和着陆装置

2021年3月，在美国得克萨斯州巴斯特罗普的斯威夫特营地，由来自美国各个高校的学生组成的"阿尔忒弥斯"团队展示了他们设计和完成的3D打印的火箭发射和着陆垫的性能。该火箭发射和着陆垫主要用于支撑炙热的火箭发动机，有望解决在月球表面火箭发射和着陆过程中产生的月球尘埃所带来的系列问题。"阿尔忒弥斯"团队将其命名为"月球羽流减缓装置"（图3.44、图3.45）。

该团队从由NASA马歇尔太空飞行中心和美国亚利桑那州立大学创立的学生合作项目中获得支持。"阿尔忒弥斯"一代的成员们在NASA的"从月球到火星"行星自主建造技术（MMPACT）项目、美国ICON公司以及美国得克萨斯州A&M大学探空火箭团队的帮助下，获得了打印和测试小型原理样机的资金。

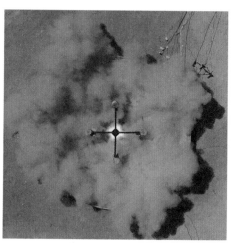

图3.44　3D打印月球羽流减缓装置　　　　图3.45　3D打印月球羽流减缓装置试验

3.5　3D打印发动机组件

在火箭发动机的制造中，采用3D打印技术能够实现力学性能、散热性能的增强，同时具有轻量化设计的巨大优势，促使各国采用金属3D打印技术不断探索火箭发动机组件的先进制备方法。

西安铂力特增材技术股份有限公司采用金属3D打印技术实现了一种航空航天发动机的典型零件。第一层为可调喷管结构（图3.46），是使发动机在不同工况下获得良好性能、提高发动机推力和降低燃油消耗率的关键性基础零件之一。基于3D打印，使得可调喷管的一体化成型成为可能，在打印时将喷管的定位结构和多组调节片结构一体化成型，实现了发动机喷管处±20°的调节角度。第二层为离心压气机，结构较为简单，广泛应用于航空工业中的中小型涡轮发动机和辅助动力装置，同样采用3D打印实现一体化设计，大小两个叶片的壁厚仅为1.5mm和0.7mm。第三层为火焰筒，作为燃烧室的重要组成部分，在工作中承受极端的高温高压。采用3D打印技术，实现了火焰筒冷却气膜结构的气膜孔直径从0.6mm到6mm的自由变化设计，提升了设计自由度。第四层为涡轮导向器叶片，叶片在工作过程中受到高温高压气流的直接冲击，具有改变气流方向、降低气流温度、增大气流速度的功能。第五层为机匣，具有薄壁壳体类结构特征，是核心机的外防护装置，壁厚为1.5mm。采用3D打印技术，在机匣表面实现了点阵加蒙皮加强筋结构、拓扑加强筋结构和蜂窝加强筋结构，不仅减轻了零件重量，还提高了机匣整体结构的刚性和强度。同时，一体化设计还减少了零件、提高了可靠性，将3D打印的技术优势、工艺特点与发动机组件性能需求很好地融合起来。

图3.46　3D打印发动机组件中的可调喷管结构（来源：西安铂力特增材技术股份有限公司）

3.6 3D打印小卫星

蓬勃发展的小卫星技术无疑意味着太空探索新纪元的开启。它们以体积小巧、重量轻、发射成本低、功能多样化而著称。

立方体卫星就是一种用来完成简单的太空观测、地球大气测量的立方体形状的小卫星（图3.47）。立方体卫星由于体积、重量较小，需要的发射成本相对于大卫星而言很低，但由于功能受限，目前主要用于学校教学、科研和科学试验等。

图3.47　地球轨道中的立方体卫星（来源：欧洲航天局）

将3D打印技术与小卫星制造相融合，无疑使小卫星的生产效率极高、成本极为低廉，并为在轨小卫星打印提供了基础。3D打印技术使卫星体积、形状多变，将使得成本显著降低。而立方体卫星相对简单的结构形式使其成为3D打印技术理想的研究和试验对象。

最初，立方体卫星采用传统飞行器制造技术来制造。近年来，由于立方体卫星配件繁多，许多部件外部结构开始使用3D打印技术材料制备。

我国在新一代载人飞船试验船中不仅完成了首次在轨3D打印复合材料的空间试验，还搭载了世界上首个金属3D打印立方星部署器（图3.48）。该立方星部署器命名为COSPOD-3D，用于容纳多层展开帆板、大型天线、相机等外部凸出卫星载荷。COSPOD-3D由星众空间（北京）科技有限公司研制，由西安铂力特增材技术股份有限公司基于金属3D打印技术制造，重量相比于传统机械加工产品减轻了一半，加工周期也得以缩短。

图3.48　金属3D打印立方星部署器框架（来源：西安铂力特增材技术股份有限公司）

随着2020年5月新一代载人飞船试验船返回舱在东风着陆场预定区域的顺利着陆，试验船飞行试验任务取得圆满成功，也验证了金属3D打印立方星部署器在太空中的适应性。

美国蒙大拿州立大学采用3D打印技术制备了立方体卫星，是太空中的3D打印应用的一个案例（图3.49）。该卫星采用了一台3D打印机和粉末状聚合物作为原材料，利用3D打印技术制备了结构体和系统。该卫星系统采用Windform XT 2.0材料，是一种聚酰胺和碳填充的复合材料，原用于地面应用。有效载荷材料没有采用3D打印技术，而是使用单芯片复合辐射微剂量计作测力传感器，表层的电阻率传感器测量卫星镀镍的传感性能。蒙大拿州立大学太空科学工程实验室采用计算机辅助设计与制造及其他工程工具设计了整个系统，并对该卫

星进行测试。该卫星达到
了 NASA 的技术标准，桑
迪亚国家实验室进行了飞
行准备工作。然而不幸的
是，由于火箭发射失败，
该 3D 打印试验卫星不幸
被摧毁，未获得在轨运行
的数据。

图3.49　美国蒙大拿州立大学3D打印立方体卫星

　　欧洲航天局采用新型
可打印导电硬塑料作为原
材料开展了测试，完成了立方体卫星结构的3D打印。一旦元器件、电路和太阳
能电池板安装到位，这种3D打印立方体卫星就能够随时投入使用。

　　聚醚醚酮（PEEK）材料的3D打印技术为立方体卫星结构的3D打印提供了
基础。聚醚醚酮作为一种热塑性材料，本身具有优良的强度、稳定性和耐温性，
熔点高达350℃。通过向聚醚醚酮中进行纳米颗粒掺杂，将使得这种可打印的
聚醚醚酮材料具有导电性，然后采用掺杂的聚醚醚酮作为3D打印的丝材原材料
（图3.50）。

　　基于此项技术突破，来自荷兰代尔夫特大学的学生开展了立方体卫星外壳
的打印工作（图3.51）。

图3.50　3D打印聚醚醚酮（PEEK）元件

图3.51　3D打印立方体卫星外壳

欧洲航天局正在开展此项技术的下一步研究工作，研究在微重力环境下采用聚醚醚酮的3D打印技术，以探索其未来在太空中使用的可能性。如果能够实现，聚醚醚酮3D打印机将飞向太空，为空间站中的航天员服务，用于打印许多实用的工具和元器件。尤其是通过掺杂使其具备导电性，可能作为小卫星和电子元器件太空制造的方式之一。

俄罗斯于2017年8月发布了全球第一个由3D打印制作的立方体卫星（Cubesat）Tomsk-TPU-120的信息，其通过搭载MS-2火箭进入国际空间站（图3.52）。航天员在太空行走中徒手释放了5颗立方体卫星，其中第一颗立方体卫星的外壳和电池组由3D打印技术制造。该立方体卫星由俄罗斯托木斯克理工大学的一个学生团队通过3D打印技术制造，尺寸仅为30cm×11cm×11cm，质量小于4kg。虽然"身材小巧"，该卫星的功能却很强大，具有多种传感器，可在太空中工作4～6个月，可向地球传输卫星各个表层部位、电路和电池元件的参数信息。研究人员可以据此观测3D打印材料在太空中的工作情况和状态，为其空间适应性和是否支撑进一步的航天器制造做出可行性分析。在此过程中，3D打印立方体卫星暴露在地球重力轨道衰变中，工作完成后最终在大气层中烧毁。研究人员认为，这些立方体卫星一旦发射后，将可以形成轨道集群，甚至在运行时相互修复，实现使用寿命的延长。

图3.52　由3D打印制作的立方体卫星Tomsk-TPU-120

第4章

在轨3D打印

对于在空间飞船或空间站上长期工作的机组人员而言，必须提前携带好工作和生活所需要的一切物品，这意味着要为每一个可能的物品分配存放的空间。对于短期用不到的储备物资，无疑将对空间站上十分宝贵而有限的储存空间造成浪费。与此同时，所携带的物资还必须要能够承受发射时重力、振动、冲击等影响，大幅增加了发射成本和地面试验的成本。而对于更长时间的航天飞行和深空探测任务而言，受时间、距离和持续周期的影响，供给链的不可持续性甚至成为影响太空任务成功与否的重要因素之一。

即使是在位于近地轨道的空间站，长时间太空运行仍需耗费大量的维护成本和后勤物资保障。根据此前的数据统计显示，国际空间站为防止故障发生，储备了超过13000kg的物资。与此同时，为备不时之需，还在地面额外储存了超过18000kg的物资。而这些物资使用概率较低，其储存耗费了巨大的空间资源和费用。

对于空间站中的资源补给而言，目前主要依赖于卫星发射入轨。图4.1所示为典型的货运飞船和太空货轮，用于向空间站（图4.2）补给食物、燃料、试验用品等必需品。

图4.1 货运飞船和太空货轮

根据测算，向太空运送物资的成本大约等同于与物资等重的黄金的价值。也就是说，要把1kg的物资送入近地轨道需花费数十万元（数万美元），甚至很多时候实际花费的费用还要比这再高十几倍。而把物体从太空运回地球所需费用则更加高昂——"隼鸟号"飞船带回不到1g的小行星颗粒，整个任务花费了2.5亿美元，相当于每千克样本花费2500亿美元。

随着3D打印技术的逐渐发展，尤其是太空中的3D打印技术的兴起，这一切都将成为过去。必要的补给以及元器件的储备、更替都将在太空中进行，而这是以前所不可想象的。太空中的3D打印将节省大量的费用、时间，促进太空任务的可行性。

在太空中进行3D打印，不仅能够实现"即用即造"，大量释放原有的储存空间，提高空间利用率和飞船实际使用面积，而且能够在深空探测和宇宙航行中"轻装上阵"，使得长时间飞行成为可能。除此之外，材料100%的利用率和无限回收再利用也是吸引科学家和航天工程师关注此项技术的原因。在轨3D打印向人们展现了太空中技术创新无限的可能性。

图4.2 空间站

4.1 空间飞船等在轨3D打印中面临的挑战

在轨3D打印将带来诸多好处，使得空间飞船中需要携带的物资大幅减少，发射成本显著降低，航天员也将不再有"物品收纳"的烦恼，"即用即造"的使用模式将使空间飞船中的生活、工作模式发生革新。但是，应当注意的是，空间飞船等在轨3D打印技术不同于地面3D打印技术，还面临着来自技术层面的诸多挑战，距离科学家和航天工程师们理想中的"即用即造"还有很长的路要走。

首当其冲的就是太空环境的复杂性，真空、微重力、宇宙辐射、极端温度变化等都是需要考虑的问题，将对打印过程、材料的选择、材料的熔化、模型的固化和成型等方面产生影响。

对于太空中的真空环境，部分3D打印设备受影响较小，如采用高能电子束实现材料熔融的设备，电子枪本身也工作于真空中。但是即便如此，真空的传热、导热、材料熔融流动的过程等，都与常压下的工作状态存在区别。一方面，我们可以通过选择合适的3D打印技术来部分消除真空环境的影响；另一方面，可以通过对打印设备、原材料进行适应性改造，改善由于真空环境带来的影响。对于部分3D打印技术而言，如光固化成型技术，真空环境反而具有材料成型过程中不产生气泡等优势。而对于舱内环境而言，考虑到航天员的生活和工作往往维持在正常气压范围，和地球上海平面的气压相当。舱内也模拟地面大气组成，主要由氧气和氮气组成，此时则不用考虑真空环境的影响了。但此时需要注意的是，在打印过程中要避免产生额外的废气和有毒有害的附属物，以免对舱内环境造成污染，对航天员的安全造成隐患。

宇宙辐射主要对工作于舱外的器件和设备产生影响。不管是由于宇宙辐射引发的材料老化、脆化，还是在器件中引发的内带电、充放电等空间效应，都将对器件和设备带来致命的危害。对于在舱外开展的在轨打印工作以及在舱外长时间工作的仪器设备而言，需要在地面研制的过程中对打印材料的特性、器件的性能进行反复试验和验证。

极端温度变化同样是舱外工作和运行器件面临的考验。对于空间飞船内部，可以通过多项技术和先进的设备，将其温度维持在一个舒适的水平，便于航天员生活和工作。而对于舱外，空间飞船则将面临大范围的温度变化，有可能在−157～+121℃的极端温度区间。这主要是受太阳活动的影响（图4.3）。由于缺少地球大气层的保护，空间飞船暴露在太空中，当其运转到直面太阳时，表面温度达到约121℃的高温；而当其运转到地球的阴面，即太阳完全被地球挡住时，表面温度会骤降到约−157℃。因此，3D打印材料或设备用于飞船外部或者在舱外运行时，必须考虑极端温度环境的影响。

（a）在太阳照射下飞行的空间飞船（高温）

（b）远离太阳飞行的空间飞船（低温）

图4.3 处于太空中极端温度环境下的飞船

微重力环境是对3D打印设备和材料影响较为重要的因素之一。不管是舱内还是舱外，都受到轨道上微重力环境的影响。空间飞船在轨飞行时，受到地球引力外的多种作用力，包括大气阻力、太阳辐射光压等，从而达不到完全"失重"状态，而是一种"微重力"状态。由于3D打印过程中，往往需要在重力作用下使得熔融或喷射的材料与之前的材料相结合，微重力环境改变了材料结合的过程，需要研制专门的用于微重力环境下的打印设备。除此之外，微重力环境中热量的传递也会发生变化，对材料成型、形变和缩放过程产生影响。

因此，在地面进行微重力3D打印技术的前期研究和验证是必不可少的。在此过程中，主要需要考虑以下几方面的因素：

① 微重力条件下原材料的形态控制，微重力环境中原材料在熔融条件下应当易于操纵和黏结；

② 微重力条件下3D打印工艺的选择，需要满足空间站/空间飞船中可用空间、设备电源、能源、高真空、冷却条件等因素的限制；

③ 微重力条件下原材料熔融、冷却过程中的动力学控制，应当使得微重力条件下原材料熔融、成型、固化的过程满足预定需求，制作出精度满足需要的样品。

图4.4展示了采用电子束熔融技术进行微重力环境下3D打印的情形。当打印头与工作台上的基板距离合适时，能够正常打印。当打印头与基板距离过大时，若是在重力环境下，被熔化的材料会形成液滴滴落在基板上，而在微重力环境中，被熔化的材料在打印头末端形成球状，进而膨胀。若此时发生振动，则熔化材料的液珠会在真空室中松动，甚至漂浮，导致打印失败。

 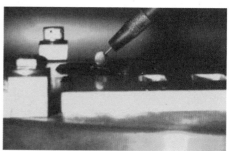

（a）打印头与工作台的距离合适　　　　（b）打印头与工作台的距离不合理

图4.4　微重力环境下的3D打印

4.2 微重力3D打印设备

在SpaceX货物再补给服务任务的第四阶段，地面上的工作人员将一台太空制造3D打印机发射到国际空间站，为将来零件可以在太空按需打印做好准备。NASA位于亚拉巴马州的马歇尔太空飞行中心和加利福尼亚州山景城的太空制造中心合作开发，并向国际空间站发射了首个3D打印设备。

图4.5就是SpaceX发送至太空中的3D打印机。它使用挤压增材制造技术，主要通过丙烯腈-丁二烯-苯乙烯（ABS）塑料（与制造乐高积木相同的材料）和其他材料，逐层打印构建需要打印的对象（图4.6）。通过打印机上的计算机辅助设计文件，该机器能够打印超过20个零件，并能够从地球上传输额外的打印文件，通过远程卫星通信在太空中进行打印。

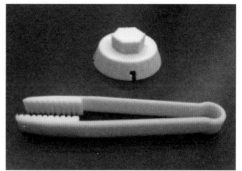

图4.5　SpaceX发送至国际空间站的3D打印机　　图4.6　在太空中打印的塑料制品

在轨按需打印工具和设备（图4.7），大大缩短了其进入轨道所需要的时间和成本，同时提高了航天任务的可靠性和安全性。目前的太空任务往往需要数月至数年的时间才能将部件送入轨道。而通过在轨3D打印，零件可以在几分钟至数小时的时间内完成。

图4.7　在太阳系和火星探索中将利用3D打印制造必要的工具和设备

4.3　在轨3D打印复合材料

空间站又称为太空站、航天站，在近地轨道长时间运行，可供多名航天员巡防、长期工作和生活，也是人们开展空间试验、探索太空的第一站。对于空间站上的航天员而言，要想在空间站长期生活，各项生活补给必不可少。目前，主要通过运输飞船定期运输货物进行补给。

对于空间站任务中需要的零部件、工具和材料等，通过往返运输的方式补给往往需要等待数周、数月甚至数年的时间。对于未来的太阳系探测任务，这样的往返运输补给方式代价更为高昂，运输过程更为复杂，甚至无法实现。各国科研工作者们开展了前期的研究，力求寻找新的解决途径。

在轨3D打印技术就是一个重要的技术发展方向。

我国开展的在轨连续纤维增强复合材料3D打印，是目前已知的世界上首次连续纤维增强复合材料在轨3D打印。如图4.8所示，这台复合材料空间3D打印机由航天科技集团有限公司529所研究人员牵头自主研制，随长征五号B遥一运载火箭与我国新一代载人飞船试验船一同发射升空并进入预定轨道。在任务完成后，随新一代载人飞船试验船返回舱成功返回东风着陆场。

图4.8　我国复合材料空间3D打印机

在轨期间完成了两件连续纤维增强复合材料样件的打印，包括一个蜂窝结构样件（用于航天器结构未来的轻量化设计）、一个中国航天科技集团CASC的标志，如图4.9所示。

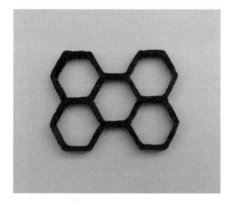

图4.9　3D打印连续纤维增强复合材料样件

一直以来，碳纤维材料广泛用于航天器元器件，尤其是天线的制造中，具有重量轻、强度高等显著优势。在我国开展的在轨连续纤维增强复合材料3D打印中，碳纤维长丝连续，有利于复合材料的性能提升，成功验证了微重力环境下复合材料的3D打印技术，对于未来在轨零件的制备，甚至是空间站的在轨扩建都提供了前期的研究基础。

4.4 在轨3D打印卫星零部件

太空中的3D打印试验表明，现在各国航天机构初步具备了在空间站微重力环境下进行3D打印的能力。微重力3D打印机在太空中工作正常。

一般情况下，采用3D打印机喷头挤出已加热的塑料，或者是熔融的金属或其他材料，然后逐层制造。

太空制造公司在NASA马歇尔太空飞行中心的支持下，研制了如图4.10所示的可在微重力条件下运行的3D打印机。该打印机的原型比该公司将在国际空间站上安装的打印机稍小。在马歇尔太空飞行中心签署的SBIR合同的资助下，太空制造公司的工程师开始建造一个不受重力影响的机器模型，它还必须经过加固才能在发射升空的过程中幸存下来。同时，在打印过程中产生任何会污染像国际空间站上那样的密闭空间环境的废气都是不被允许的。在太空中使用的机械也必须考虑到由于缺乏重力而缺乏自然对流，这意味着空气必须被动循环。在早期的测试过程中，曾在以抛物线弧飞行的飞机上验证打印机在微重力下的有效性，但受限于时间太短，无法得到充分验证。

图4.10　太空制造公司的微重力3D打印机

　　　图说太空中的 3D 打印

这一问题正在通过将一个小型微波炉大小的微重力3D打印机原型发射到国际空间站进行太空演示来解决。在那里，它将创建30多个对象，包括校准试片和扳手等工具。大多数打印工作将基于发射前装载在机器上的模型文件进行，其他文件将于在轨工作时从地球上传送到打印机。

太空制造公司展示了其太空3D打印机可能在国际空间站上生产的一些产品的最终模型，如图4.11所示。

图4.11　太空3D打印机及其打印的模型

根据现有3D打印机的打印能力，能够确定一份在空间站上经常丢失或损坏的工具、零件和其他物品的清单，包括结构件、扭矩工具、容器、夹子和许多其他物品。这些物品从关键、复杂到常用的，不一而足。现有研究表明，空间站上约30%的小部件和工具能够直接打印，而更复杂的大部件或工具，则可能通过打印的小部件组装而成。

对于航天员而言，这无疑是一个令人振奋的消息，这使得一些简单零件的等待时间将从数月缩短到分钟量级。

4.5　材料在轨循环利用

对于空间站中的航天员而言，材料、元器件、零件的补给对于日常工作和生活必不可少。然而，考虑到地球往返运输的时间成本和费用成本，如果能实现材料的在轨循环利用，无疑将给航天员长时间在轨持续工作带来极大的好处。尤其是对于长时间的太空飞行而言，材料在轨循环利用是科学家必须考虑的一项重要问题。相比于采用地面制造，然后用火箭发射至太空的方式，材料在轨循环利用展现了一种可持续的空间运营方式，为必不可少的、耗费大量储存成本和运输成本的必需品提供了一种可行的制造、回收、再利用的物流模式（图4.12）。

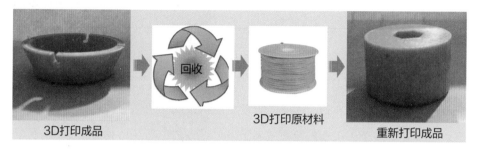

3D打印成品　　　　　　　3D打印原材料　　　　　　重新打印成品

图4.12　材料在轨循环利用示意图

NASA自2014年向太空发射了首台3D打印机以后，太空制造公司与NASA再次合作，发射第二台用于材料在轨循环使用的3D打印机（图4.13）。该打印机被命名为"Refabricator"，主要用于在空间飞船上循环利用废弃零部件和垃圾，如循环利用NASA已经发射到太空的10000个密封塑料袋。该打印机的大小与小型冰箱相当，能够打印多种形状和尺寸的塑料材料。

图4.13　塑料回收和再利用3D打印机（来源：NASA）

该项技术在地面完成研究和验证后，会继续在空间站进行太空中的在轨验证，为后续进一步的深空长时间续航提供前期测试和验证数据。

4.6　在轨建造与组装

在轨建造与组装的对象一般是在空间站中需要在轨服役，而在地面建造再发射到太空代价高昂，或者在地面建造无法实现的设备。

在轨建造技术的提出，大大拓展了可能的结构形式和尺寸大小，使其摆脱了发射重量和体积的限制，在未来具有无限可能。

对于大型天线及阵列、大型太阳能电池帆板及阵列、空间太阳能电站、太空望远镜等受限于火箭承载能力或者是发射过程的影响，几乎不可实现的科学计划，由于在轨建造技术的提出而初露曙光，为人们探索宇宙提供了更为广阔的空间。

另外，为了克服发射过程中强振动、超重力的影响，对于发射到太空中的结构和设备都要经过特殊的设计，在地面进行充分的环境试验，不仅造成研制成本居高不下，试验成本和时间周期也大大增加。

在轨建造则能克服这些缺陷，将原材料带到太空中，在很小的原材料损耗前提下实现功能结构的打印，省去了为抵御强振动和超重力施加的额外设计（图4.14）。

图4.14　太空中的大型装置与设备3D打印概念

4.6.1　在轨建造3D打印机械臂

在太空中采用3D打印技术时往往需要航天员对打印原材料进行放置，对3D打印机进行操作。然而，对于舱外环境中的在轨打印，如大型天线、太阳能帆板等，科学家们开始考虑将3D打印技术与智能机器人技术相结合，提出舱外在轨智能3D打印的概念。

图4.15展示了在轨3D打印机械臂的概念。首先，制造一台具有机械臂的3D打印机，并将其安装在空间站或空间飞船的外部，远程控制机械臂活动，采用3D打印技术在太空中对大型设备和器件进行制造和组装。此时，不需航天员直接操作，避免了受到舱外辐射和长时间工作的危险。

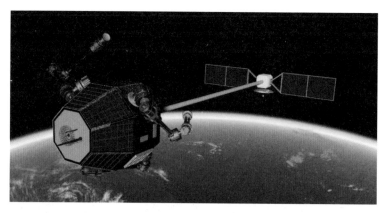

图4.15　机械臂3D打印机在轨组装和建造太阳能电池阵列概念

目前，将智能机器人与3D打印技术相结合的大型设备在轨3D打印与组装技术是在轨3D打印技术最为困难的技术方向之一。技术难点主要在于系统工程、机械臂控制系统、打印机控制系统、热分析、软件操控平台、集成测试等技术的融合。这项变革性技术一旦突破，对于人类探索太空活动的影响将是多方面而深远的，将带来以下几方面的好处：

① 能够在太空中远程建造通信天线、大型空间望远镜、无线能量收集与传输系统和其他大型复杂系统；

② 使得小卫星具备在轨部署为中大型卫星准备的太阳能帆板阵列和天线反射器的能力；

③ 消除由于火箭运载能力带来的航天器体积和重量的限制；

④ 部分取代航天员执行舱外任务，避免太空行走的固有风险。

该项技术目前仍在地面上进行演示验证，在地面模拟太空环境中的温度、压力等条件，通过机械臂打印相关设备或器件。后续有望在近地轨道上实现在轨3D打印，为人类从月球到火星，再到其他星球的探测提供可行的技术手段。

4.6.2　在轨建造大型空间桁架

空间桁架是一种在航天器、飞机、射电望远镜、桥梁、机场等大型设施和建筑上广泛应用的结构件（图4.16、图4.17），结构件要能够承受来自各个方向的力载荷，具有抗振、抗压等力学性能。对应航天器上应用的桁架结构，还额外需要重量轻、力学性能好和空间适应性良好，如抗极端环境下高低温变化、抗辐射等。

图4.16　射电天文望远镜中的大型桁架结构　　图4.17　国际机场中的大型桁架结构

受地空运输能力的限制和成本的约束，采用常规的地面建造、火箭运输的方式进行空间大型设备的制备显然不具备可行性。例如，空间太阳能电站建成后的尺寸可达数千米，重量可达2000t甚至8000t以上。再如，空间超大电尺寸天线或空间射电天文望远镜，为了接收到足够微弱的宇宙信号，往往需要数十米甚至上百米口径尺寸的天线。

大规模太阳能电池、超大型天线等空间设施，往往采用空间桁架作为支撑结构（图4.18）。此时，空间桁架的在轨建造就显得尤为重要，是解决空间大型基础设施建造难题的重要新技术发展方向之一。

图4.18　空间大规模太阳能电池阵列

目前，数十米的大型卫星天线的建造方式主要为在地面进行桁架结构的分块制造，然后在轨拼接（图4.19）；或者采用大规模的金属网状结构，在地面建造后收拢装配在航天器上，待卫星入轨后再展开。主要的技术壁垒在于无法应对更大型天线、更大规模天线阵列等应用。目前，要制造100m以上的天线并发射到太空中正常展开，仍存在巨大的技术困难与挑战，甚至无法实现。

图4.19　航天员在轨装配

　图说太空中的 3D 打印

空间桁架在轨建造是一种全新的概念。通过将原材料发射到太空中，在太空中进行空间桁架的三维一体化打印，仅需要少量的装配。主要的技术优势在于不仅打破了空间设备建造规模受火箭运载能力的限制，而且避免了由于发射阶段的振动、超重力环境导致的额外设计需要，还大大降低了火箭发射的成本与费用。此外，还能够结合3D打印进行新型结构设计和减重设计，带来与新技术结合的新优势（图4.20）。

采用在轨3D打印能够建造规模更大的太阳能电池阵列、天线阵列、桁架等，为航天器在轨任务提供更高的功率、更高的分辨率、更大的带宽和更高的灵敏度。

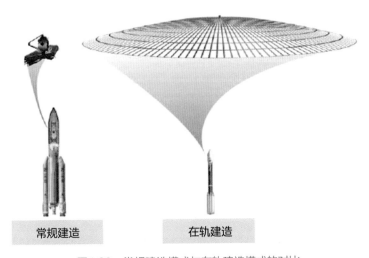

图4.20 常规建造模式与在轨建造模式的对比

图4.21展示了一种在轨3D打印建造大规模桁架结构的概念：挤压出具有良好力学性能的原材料，层层编织，形成类似于"蛛网"的空间结构，可根据需要增大空间结构的尺寸。在此过程中，有以下技术需要突破：

① 材料形成结构的成型方式；

② 打印机的移动和操控机制；

③ 打印结构的结合和装配方法；

④ 材料和成型结构的热控制方法；

⑤ 打印过程的设计与控制；

⑥ 结构或功能性元件在轨集成技术。

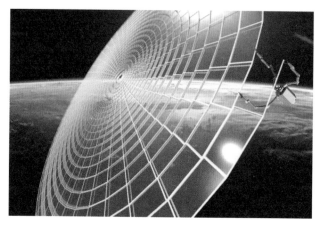

图4.21 在轨3D打印大规模桁架结构概念

令人感兴趣的是，太空中开展3D打印不仅仅带来挑战，也有意料之外的好处。在地面上打印时，受重力的影响，一方面，打印的结构往往不可避免地具有各向异性，即在各个方向的受力不均匀，引起形变或力学性能变差；另一方面，当结构相互交叠、层层包裹或者打印的尺寸过大时，往往需要额外的支撑材料，以抵抗重力引起的结构坍塌或者无法成型。而在轨建造时，这些问题都将不复存在。在轨3D打印不仅能够实现各向受力均匀的材料成型，同时打印的尺寸可以尽可能地大，还不受交叠的影响。这使得超大规模的结构尺寸和任意复杂的结构形状得以实现，还不再需要额外的支撑结构（图4.22），大大拓宽了航天工程师的设计范围和设计自由度。

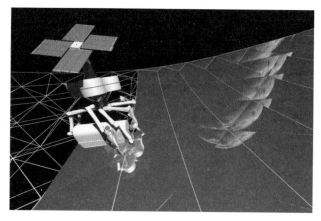

图4.22 在轨3D打印超大规模网状天线概念

4.6.3 空间大型装备在轨修复

当空间大型装备在轨出现故障时，采用3D打印技术进行在轨修复展现出了广泛的应用前景。

图4.23为空间大型装备在轨修复的概念。当空间大型装备，如超大规模太阳能电池帆板、空间太阳能电站、大型天线等出现故障时，航天员初步勘探故障位置和故障原因；然后，对故障部分进行扫描等操作完成初步的分析，并将结果回传地面，在地面完成数据处理、分析，并给出解决方案；再通过远程卫星通信上传待修复部分的3D打印模型数据，在轨3D打印获得新的零件或结构件；最后，航天员在轨组装完成在轨修复。

在此过程中，地面与在轨数据交互尤为重要。而在轨3D打印技术是空间大型装备在轨修复实现的关键。

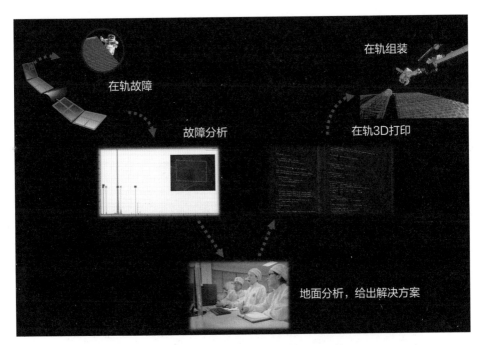

图4.23　空间大型装备在轨修复概念

4.7 在轨3D打印卫星

在轨3D打印卫星技术的一个主要应用将是制造和部署纳米小卫星外壳，可以携带验证任意数量的新技术系统或试验平台。

不同于在地面3D打印小卫星然后通过火箭运载到特定地球轨道上释放的工作模式，在轨3D打印小卫星可以在数小时内实现卫星外壳的打印，然后将电子线路插入其中，实现小卫星的在轨打印与制备。将打印完成的小卫星抛至舱外，就得到了一颗在轨运行的小卫星（图4.24）。

通过火箭发射将许多包含原材料的小包裹送至太空，然后利用安装在空间站的3D打印机，就能够实现太空中微纳卫星的制备与部署，可以为各种以研究和教育为目的的微纳卫星发射计划寻求发射成本更加经济的方案。此时，虽然制作卫星的原材料仍需发射运输到太空中，但是来自物流和尺寸的限制将少得多。更为重要的是，这些微纳卫星将不用经过发射阶段苛刻的超重力、强振动等过程，为结构的设计提供更为简便的方案。

这项技术在地面上也有着令人振奋的应用前景。一台耐用、可靠的3D打印机在潜艇、沙漠或"任何你身处偏远地区、依赖随身携带部件的地方"都特别有用。

图4.24　立方体卫星

第5章

深空探测中的
3D打印

相比于地面和在轨3D打印航天器零部件，深空探测中的3D打印技术由于其自身的技术优势显得尤为重要和必需。当人类从地球出发踏上月球，并开始逐步迈开对更远星球和深空的探索步伐时，在长时间深空航行中的零部件补给、星球基地的建造中，3D打印技术都将起到关键的作用，它是多种技术解决途径中最必不可少的一种。

星球基地是开展星球考察、探测资源、对地通信、航天员工作与栖息所必需的装备。想象一下以下的场景：当我们要在月球（图5.1）、火星上建造基地时，需要大量的建筑耗材，而这往往是无法从地球通过飞船运输过去的。这时候我们应当怎么办呢？充分利用星球上丰富的土壤、矿物资源，采用3D打印技术进行星球基地的原位建造，显然是最为经济、最可持续的技术思路，各国科学家都在为之努力。甚至有人将月球基地的建造誉为"第二次太空竞赛"。率先在月球上完成可稳定、持续运行的月面基地的建造，显然对于各国的航天机构都具有莫大的吸引力。

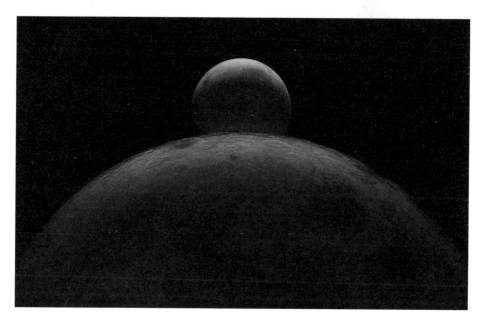

图5.1　在太空中所见到的月球

　　除此之外，开展深空探测中的3D打印技术研究，有利于人们评估宇宙环境对人类、仪器、空间飞船的影响，以及提供开展太空中可持续旅行、考察、居住等活动的可能性，将为太空旅行、外星球资源开发利用、空间飞船加油站等提供宝贵的技术资料和基础数据。

　　对于太空中的长时间停留而言，首先需要考虑的就是对地球的依赖性和太空中运行的独立性。在太空中长时间停留时所需的生活、生产和工作的原材料、工具、设备等，希望可以根据需要独立获取，不依赖于地球供给。就目前的技术发展而言，3D打印技术无疑在太空中具有广阔的潜在应用。毕竟对于空间站中的航天员，尤其是对于太空旅行中的航天员而言，在任何有需要的时候都从地球发射资源补给火箭是不可能的，也是不必要的。

5.1 3D打印月球等星球基地面临的挑战

全世界的航天机构都在积极探索如何在月球上建造基地，并将其作为人类继续探索深空的重要一环，也是开展太阳系探索的第一步。3D打印技术无疑是实现月球基地建造的一种可能的新兴技术。

在月球上建造航天器着陆场、栖息地和跑道的过程并不像在地球上那样简单。相应地，建造过程也可能与我们在地球上常见的建筑工地有所不同。例如，挖掘机器人需要自重轻，同时能够在较低的重力环境下进行挖掘工作。除此之外，一个大型月球基地的建造系统往往需要能够实现自主建造的功能，能够在没有航天员的帮助下自行开展建造工作。

在此过程中，航天工程师将面临种种挑战。采用3D打印技术进行月球基地的自主建造，无疑是一个非常具有吸引力和应用前景的技术领域。当然，带来的挑战也就更大。

挑战一：寻找合适的材料实现在月球上的原位打印。我们在地球上修建房屋时，早期采用过木质结构、混凝土砌块，现在常用钢筋水泥浇筑的结构。爱斯基摩人在北极建造冰屋时，也需要堆砌尺寸合适的冰块。在月球上建造基地时，首要问题就是寻找合适的原材料并加工成可用的"砖块"。

挑战二：研发月球基地建造机器人。有了原材料，有了砖块以后，我们还需要劳动力，将砖块堆砌起来。可以选择在打印的过程中层层堆叠，直接形成建筑物。也可以选择先制造砖块，再用建造机器人将砖块垒起来。不管是直接在打印中层层堆叠，还是利用建造机器人进行基地建设，都需要通过远程卫星通信实现打印指令的传递，解决建造过程中可能出现的问题，这对于目前的技术发展而言，还存在一定的挑战性。

挑战三：获得足够的能源供给。3D打印机和建造机器人的运行都离不开能量的供给，这是目前的技术发展面临的最大难题。科学家们提出了各种畅想，目前较为可行的方式有：① 太阳能供电；② 储备能源电池供电；③ 空间太阳能电站无线能量传输供电；④ 清洁核能供电；⑤ 月球资源原位采集供电。这些供能方式都有各自的优缺点，是科学家们积极探索的方向。也许在未来的某一天，人类会发现月球上稳定、清洁、可持续的能量来源。

除此之外，真空环境、月尘、月球地震、微小流星体的撞击、微重力，尤其是极端温度等月球表面特殊的环境因素（图5.2），以及其他星球表面独特的环境，都是考验星球基地原位建造重要的因素，也是面临的重大挑战。

图5.2　月球表面环境

5.2　打印星球基地需要的原材料从哪里来

为了减少发射次数、降低发射任务的繁重性，就地取材进行星球基地的3D打印可以说是最为可行的可持续星球基地建造技术，也是各国科学家正在努力攻克的技术难题。尤其对于距离更为遥远的深空探测而言，从地球运送材料显然是工程浩大、代价高昂而又不切实际的。

例如，对于月球基地的建造而言，通过合理利用月球表面风化层，即表面上松散的岩石和土壤层形成原材料（图5.3），然后再利用3D打印技术将原材料构建成星球基地，无疑向科学家们展现了可观的前景。

图5.3　月球表面土壤层

　　但是在月球上采集风化层进行原材料制备和3D打印前，必须在地面和微重力环境下进行充分的前期研究和技术验证（图5.4）。

图5.4　运载微重力环境下风化层原材料3D打印技术验证平台的
天鹅座太空货轮与空间站对接（来源：NASA）

　　通过太空货轮将打印设备与原材料运送到空间站，可以开展微重力下风化层原材料的3D打印技术验证。通过开展这样的试验，验证在星球表面进行基地建造的可行性。打印的样品将被送回地球进行性能分析和测试，并和地面的样品进行比较，为技术的优化改进提供试验数据。

图5.5展示了空间站中用于风化层3D打印的打印机，由原材料挤出喷头和打印机床组成，适用于基于风化层的原材料。在太空中进行风化层3D打印，可以验证和展示微重力下的3D打印制造工艺能力，并生产用于科学分析的材料样品。

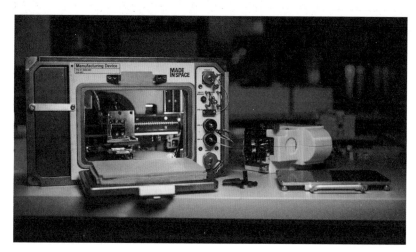

图5.5　用于在空间站进行风化层3D打印的打印机

在轨操作包括安装用于3D打印的喷嘴和机床等硬件设备，完成风化层样品打印，从设备打印机安装/移除RRP硬件（挤出机和打印床），通过远程操作打印风化层样品和通过下行链路将相关数据传输回地面。打印的样品（图5.6）最终将返回地球，同时还将用于完成打印的所有硬件运载回地面以供分析。

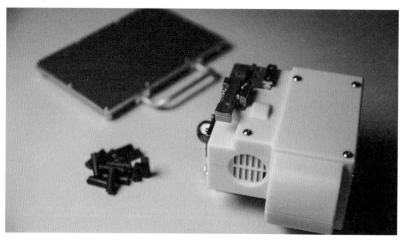

图5.6　风化层3D打印机组件与打印的样品

　图说太空中的 3D 打印

5.3 各国月球基地3D打印技术最新进展

5.3.1 我国月球基地研制构想与3D打印技术

2019年1月，我国国家航天局宣布，在嫦娥五号任务后，中国探月工程还将完成三项任务（嫦娥六号、嫦娥七号、嫦娥八号），将在月球南极进行采样返回和综合探测等试验。探月工程后续还将论证建立月球科研基地。

在月球上建立基地，主要有以下目的：更好地开展天文观测等科学活动；在月球上建立空间发电站供地球使用；开发月球各种矿物资源；为人类向更远的深空探索提供一个落脚点等。

嫦娥五号任务完成了月球样本的采集工作，通过无人方式采集了2kg的月壤。图5.7所示为保存在北京天文馆的月壤样本。通过对嫦娥五号带回的月壤样本进行研究发现，月壤中一些成分可作为催化剂，在太阳光的作用下，将水和二氧化碳转化为氧气和甲烷等燃料。这或许意味着，未来可以利用月球自身资源建设月球基地，支持深空探测、研究和旅行。

图5.7　嫦娥五号带回的月壤样本

在过去的几十年里，材料学家针对月球岩石和月壤样品进行了分析，发现月球上蕴含丰富的矿产及稀土资源，其中包括铁、铝、玻璃、稀土元素以及制造大型太阳能电池板的硅材料等。进行月球基地建筑所需的大部分材料都可以在月球上找到，这又为"就地取材"进行月球基地建设提供了可行的依据。

中国科学院、中国地质大学、吉林大学、同济大学等科研院所与高校都曾开展月壤模拟的研究。图5.8为中国科学院地球化学研究所在吉林省辉南县红旗林场至靖宇县四海林场采集玄武岩熔岩并以其为原材料研制的CAS-1模拟月壤。

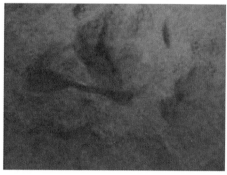

图5.8　中国科学院地球化学研究所制备的CAS-1模拟月壤

要在月球表面建造基地并非易事。进行月壤模拟，为地面开展月面基地3D打印原材料的获取打下了基础。而如何利用月球表面可获得的资源进行建造是关键所在。图5.9展示了采用"窑洞"式的月球基地的概念。一方面，采用在月壤中挖窑洞的方式，可以用月壤的厚度来屏蔽宇宙中的各种辐射，省去了从地球运送建筑原材料的成本，并解决了建筑材料老化过快的问题。另一方面，这种形式的月球基地能够最大限度地利用月球表面的资源进行建造，降低了建造的难度。

图5.9　"窑洞"式月球基地的概念

5.3.2 NASA月球基地3D打印技术

作为阿尔忒弥斯计划的一部分，NASA提出了一个在月球上建立持续存在所需的核心表面元素的概念。该概念强调移动性，以允许航天员进行更丰富的探索和开展更多种多样的科学研究。NASA正在考虑在月球上建造月球地形车、可居住移动平台、月球RV以及月球表面栖息地。该机构正在投资先进制造业（未来实现太空探索和改善地球生活的五大产业之一），开发可以在月球和火星上找到并利用现有资源建设未来基础设施的技术。

如今NASA正在与总部位于得克萨斯州奥斯汀的建筑技术公司ICON合作，研究和开发一种早期的天基建筑系统，以支持未来对月球和火星的探索。ICON公司在地球上建造了房屋和建筑物的3D打印社区，并参加了NASA的3D打印栖息地挑战赛，展示了可能适用于地球以外应用的施工方法和技术。其依托NASA的MMPACT项目，开展了月壤模拟和多种打印技术的测试研究。政府、公司和多家研究机构均参与其中，以期提高整体技术水平和系统测试能力，以证明在月球或火星上建造基础设施的大型3D打印机的可行性。该团队将利用其从月球模拟物测试中所积累的前期知识和经验，设计、开发和演示实际尺寸大小的增材制造系统的原理模型（图5.10）。

图5.10

图5.10 ICON公司提供的包括月面着陆垫、基地等多种3D打印基础设施的月球基地概念图

2015年，NASA发起了一项3D打印星球基地挑战活动，希望在月球、火星甚至更远星球上利用星球上现有的资源建造可持续运行的基地。挑战的内容包括建模软件、材料制备和建造实现等。这些新技术的发展有助于人们探索太空，还可以为地球上低成本住房的建造提供全新的解决方案。

3D打印星球基地挑战活动共分为三个阶段。

第一阶段：设计竞赛，要求各团队提交建筑效果图，并于2015年完成。

第二阶段：结构件竞赛，重点在于发展材料技术，要求各团队能够实现结构件，并于2017年完成。

第三阶段：原位基地竞赛，共分为五个级别，会针对各团队建造基地的技术能力进行测试，并于2019年4月开展基地打印测试。参赛团队需要在建模软件、材料开发和施工等方面接受测试，包括两个软件设计级别和三个建造级别的比赛，其中密封测试是最终的施工级别团队必须通过的，只有通过了密封测试才能参加最终级别的竞赛。

2018年7月，在NASA的3D打印星球基地挑战活动第三阶段的第一级挑战中，来自世界各地的18个团队提交了参赛作品，如图5.11～图5.15所示。经过NASA、学术界和工业界专家小组的评选，五个团队获得了该级别共计10万美元的奖金。他们分别采用独特的方式，使用专门的软件工具，成功地创建了星球基地的物理和功能特征的数学模型。

图5.11 Zopherus团队
3D打印星球基地模型

图5.12 AI.SpaceFactory团队
3D打印星球基地模型

图5.13 Kahn-Yates团队3D打印星球基地模型

图5.14 SEArch+/Apis Cor团队3D打印星球基地模型

图5.15 伊利诺伊西北大学埃文斯顿分校团队3D打印星球基地模型

2018年8月，在NASA的3D打印星球基地挑战活动第三阶段的第二级，对所有参赛作品进行评估后，以下团队获得了奖励：SEArch+/Apis Cor团队、宾夕法尼亚州立大学团队、FormForge / Austin Industries / WPM of Austin团队。在本级别的竞赛中，各团队需要在不经人工干预的前提下自主建造基础板材。专家小组针对基础板材进行测试和评估，然后从强度、耐久性和材料组成等方面进行打分。为了测试其强度，采用标准的奥运会铅球向每一块板材投掷三次，以模拟流星的撞击。相关方面负责人认为这一级别的竞赛为各团队应对更高难度的挑战做足准备，所有的建造必须自主完成，这为太空探索增加了额外的难度。

图5.16为SEArch+/Apis Cor团队的参赛作品，他们打印了一些基础板材并经受住了各种考验，包括用一把喷枪来模拟流星撞击。

图5.16 测试中的SEArch+/Apis Cor团队参赛作品

图5.17为宾夕法尼亚州立大学团队的参赛作品。在这张照片中，他们将一个铅球扔到一个3D打印的地基上，以模拟流星撞击并测试其强度。图5.18为FormForge/Austin Iudustries/WPM of Austin 团队3D打印参赛作品。

图5.17　测试中的宾夕法尼
亚州立大学团队参赛作品

图5.18　FormForge/Austin Industries/WPM of Austin
团队3D打印参赛作品

　　2019年1月，在NASA的3D打印星球基地挑战活动第三阶段的第三级密封测试中，六个团队提交了参赛作品。经过NASA和活动组织方布拉德利大学的评选，四个参赛队伍胜出，分别是SEArch+/Apis Cor团队、AI. SpaceFactory团队、宾夕法尼亚州立大学团队、科罗拉多矿业大学及ICON公司团队。在该级别的比赛中，参赛团队需要利用星球上现有的资源创建适合月球、火星或其他星球的可持续运行的基地。参数团队提交了3D打印的样品，并进行了极端温度下的密封性、强度和耐用性测试。

　　图5.19是获得比赛第一名的SEArch+/Apis Cor团队的3D打印结构，正在准备开展静水压泄漏测试。在测试中，通过向3D打印结构物注水至规定深度并通过水位下降率来测量泄漏率。宾夕法尼亚州立大学团队获得了比赛的第三名，图5.20是其3D打印结构的测试情形。

图5.19　SEArch+/Apis Cor团队准备开展静水　　　图5.20　宾夕法尼亚州立大学团队正在
　　　　压泄漏测试的3D打印结构　　　　　　　　　　　开展静水压泄漏测试的3D打印结构

　　2019年3月，在NASA的3D打印星球基地挑战活动第三阶段的第四级软件建模中，根据建筑的布局、规划、室内空间的有效利用和人居环境的3D打印可扩展性和可行性，NASA对11个团队的参赛作品进行了评比和打分。各团队还准备了简短的视频，阐述了其设计理念和用于展示室内设计的微型3D打印模型。参赛作品的美观性和实用性也会在打分中体现。

　　来自纽约的SEArch+/Apis Cor团队获得了第一名。这一阶段的挑战要求参赛团队使用建模软件实现一个完整而全面的基地设计方案。SEArch+/Apis Cor团队提出的基地形状独特，能够持续进行加固，光线可通过侧面和顶部的槽形口射入（图5.21）。

图5.21　SEArch+/Apis Cor团队提出的3D打印月球基地模型

　　　图说太空中的 3D 打印

Zopherus团队获得了第二名。该团队的设计由一台自动巡回的3D打印机构成，该打印机打印出一个结构，然后就转移到下一个地点（图5.22）。

图5.22　Zopherus团队提出的3D打印月球基地模型

Mars Incubator团队获得了第三名。该团队由工程师和艺术家组成，提出了月球基地的虚拟设计（图5.23）。

图5.23　Mars Incubator团队提出的3D打印月球基地模型

该项挑战赛最终由来自纽约的AI. SpaceFactory团队和宾夕法尼亚州立大学团队获胜。他们利用月球、火星等星球上的资源和材料建造了小规模的基地（图5.24），这些基地的规模为原设计尺寸的1/3。每个团队都采用机器人建造，最小化人工干预程度。

图5.24　宾夕法尼亚州立大学团队的3D打印星球基地作品

5.3.3　欧洲航天局月球基地3D打印技术

欧洲航天局与德国航空航天中心计划在欧洲航天局宇航中心建立月球模拟工程。在此之前，欧洲航天局与Foster+Parterners等工业合作伙伴一起，已经尝试了在地球上采用3D打印技术，将复制的月球土壤作为原材料，打印建造月球基地所需的砖块。

欧洲航天局的研究人员认为，从月球获得原材料，并采用3D打印技术建造，让月球基地的建设变为可能，也是最为可行的方案。

研究小组测试了进行月球土壤制备和3D打印的可行性。他们首先提出了带有蜂窝状结构的墙体，用于基地的建造。这种蜂窝状结构的墙体采用了鸟骨头的仿生结构，具有强度高、重量轻的优势，同时可用于屏蔽微小流星体和太空辐射，并结合加压充气装置对航天员进行防护（图5.25）。

图5.25　欧洲航天局3D打印月球土壤蜂窝状结构墙体
（来源：欧洲航天局）

该蜂窝状结构墙体的3D打印机由英国Monolite公司提供,具有D形外观和尺寸为6 m的框架(图5.26),打印喷嘴阵列可移动,通过将黏合溶剂喷射到沙子状的建筑材料上,逐层堆积,完成打印。在打印过程中,采用模拟的月球土壤和氧化镁材料相混合作为打印的原材料。该公司的创始人介绍说,该打印机完成打印的速度为2m/h。

图5.26 D形3D打印机(来源:欧洲航天局)

为了确保该3D打印技术能够应用于月球基地建造,需要解决打印所用液体材料在真空中蒸发和附着力的问题。来自意大利空间研究公司和相关高校的研究组成员采用了在月壤风化层下方插入3D打印喷嘴的方式,使得直径为2mm大小的打印液体能够被月壤的毛细力束缚住,确保了在月球上的真空环境中能够实施打印过程。

该团队需要解决的另一个难题在于月壤的获取。一般而言,在地球上模拟月壤的成分进行制造由专业的公司完成,往往用于科学试验。而该团队需要的月壤多达数吨。最终,他们采用来自意大利中部一座火山的玄武岩作为月壤的替代,这种岩石与月壤具有99.8%的相似性。另外,需要针对月球尘埃的影响、月球表面极端温度等开展月球基地3D打印技术的进一步研究。

欧洲航天局还在2019年发起了月球基地3D打印概念（图5.27）竞赛。竞赛的题目为：为了让月球变得像家一样，你会在月球上进行什么样的3D打印呢？竞赛收到了来自世界各地的成人和儿童的一百多份参赛作品，包括一个能产生类似地球颜色的移动灯罩、一个充满月球尘埃的沙漏、一个包含真实夜光的地球玻璃模型、雕像和游戏板的建议，以及一些关于3D打印机的建议。最终选出了两位获奖者，其作品都与自然息息相关。不同于NASA开展的月球基地竞赛注重科技和实现，欧洲航天局的月球基地竞赛更注重人文的表达和概念的建立。

图5.27　欧洲航天局3D打印月球基地概念（来源：欧洲航天局）

成人组的竞赛由英国视觉艺术家海伦·谢尔获得。她提出了"神奇月亮花园"的概念，采用可回收的彩色塑料3D打印而成（图5.28）。

图5.28　彩色塑料3D打印"神奇月亮花园"
（来源：欧洲航天局）

来自西班牙马德里的17岁学生朱迪思·德·圣地亚哥获得了18岁以下青少年组的冠军，她展示了一个非常适合于真正的植物种植的十二面体植物盆，其中蕴含了遥远地球的象征。

5.4 火星基地中的3D打印

5.4.1 火星生活健康与探索任务

NASA 2021年面向全体国民征集为期一年的火星模拟任务人员。这次火星模拟任务被命名为CHAPEA（火星生活健康与探索）。在任务过程中，将开展多种试验，并进行试验数据记录、研究和分析，任务的目的在于为未来载人登月和火星太空任务的潜在问题提供可能的解决方案。

CHAPEA任务包括基于NASA约翰逊航天中心的三个为期一年的火星表面模拟，目前征集第一期的任务人员。

第一期：于2022年秋季开始，2021年8月6日开始招募；

第二期：计划于2024年开始；

第三期：计划于2025年开始。

CHAPEA任务在约翰逊航天中心的模拟火星基地中开展。该基地被命名为Mars Dune Alpha（火星沙丘阿尔法号），主体部分全部由3D打印完成。参与任务的四名科研人员将在面积约为158m^{2}的火星沙丘阿尔法号中开展所有生活、学习和工作活动（图5.29）。

图5.29　3D打印的沙丘阿尔法号火星基地概念

在3D打印的火星沙丘阿尔法号中，将模拟火星任务可能面临的挑战，如能源短缺、设备故障、通信延时和其他由于环境带来的恶劣影响。研究人员在基地中将开展一系列的科学试验和研究工作，如太空行走、科学研究、虚拟现实的使用、机器人控制和通信交流等。而研究的结果都将为火星基地的系统验证和将来探测火星可能遇到的问题提供潜在的解决方案和重要的前期科学数据，为科研人员开展火星探测提供宝贵的第一手经验与资料。

5.4.2　火星沙丘阿尔法号

被称为火星沙丘阿尔法号（Mars Dune Alpha）的3D打印结构将模拟真实的火星栖息地，以支持长时间的探索级太空任务，为未来的火星表面栖息地提供类似的预期经验。3D打印栖息地的布局旨在为栖息地内的生活和工作提供单独的区域（图5.30、图5.31）。

图5.30　3D打印的火星沙丘阿尔法号　　图5.31　火星沙丘阿尔法号3D打印过程

美国ICON公司前期基于其Vulcan系列建筑打印机在地面成功打印了高达2.6m、宽达8.5m、长度几乎没有限制的单层房屋。建造一间面积约为32m^{2}的单层房屋大约仅需要24h。

此次在NASA的支持下，ICON公司与建筑团体BIG（Bjarke Ingels Group）等机构合作，共同探索3D打印火星基地的建造。火星沙丘阿尔法号由熔岩混凝土打印而成，面积约为158m^2（相当于民用住宅三室一厅的大小）。

在CHAPEA任务中，遴选多位成员居住在3D打印火星沙丘阿尔法号中，执行为期一年的一期任务。每组将包括四名正式人员和两名候补人员。在火星沙丘阿尔法号中，模拟任务将评估NASA的太空食物系统以及未来执行航天任务时航天员身体、行为健康和各项结果，为真正执行火星探测任务提供极具价值的数据和信息。来自火星沙丘阿尔法栖息地的研究将被NASA用于预测风险和预判资源信息，并为长期任务期间居住在火星上的航天员的健康和机体表现提供评估。

3D打印火星沙丘阿尔法号主要包括：

① 四间航天员宿舍；

② 专用工作站；

③ 专用医疗站；

④ 公共休息区；

⑤ 厨房和食品种植站。

5.4.3 火星基地原位3D打印

虽然世界各国都在发展航天技术以期成功登陆火星，但却鲜少讨论火星上的居住问题。近日，有专家指出，火星上"盖房"应就地取材，利用3D打印技术，将火星表面的飞砂合成为适当的建材，就不需使用空间飞船运输建材了（图5.32）。

图5.32 星球基地概念

月球基地或火星旅行都需要巨大的空间飞船，其中燃料占用空间大，若再需从地球运送建立基地的建材，那么空间就更为紧张。因此，过去科学家们所设想的太空基地往往是由极轻、极薄的材料建立，只要防止漏气且抵抗宇宙辐射便可。但这种轻薄短小的太空建材用在火星却有很大的风险，因为火星有巨大的沙尘暴，过薄的建材恐难以抵御，仍需较坚固的材质才行。

为此，和月球基地3D打印技术一样，科学家们提出了火星基地就地取材原位3D打印的新构想，直接利用火星表面最丰富的材料作为基地建材。月球、火星这些星球的表面成分其实与地球大同小异，以氧化铝、二氧化硅、氧化铁和其他矿物的混合物为主。

因此，研究人员使用类似月球和火星样本的模拟砂土进行了试验。研究表明，月球表面的砂土由于没有空气，因此砂砾往往呈现尖锐的锯齿状，每一颗都很粗糙；而火星的飞砂则因风蚀作用，外形更接近地球上的圆粒状。故研究人员在制作3D打印机时可以同时考虑两种砂质的通用性，以期设计适用性更广的太空基地3D打印机。可以通过月球和火星砂土与有机溶剂结合，调配成可打印或堆栈的糊状建材，然后使用3D打印喷嘴堆栈成不同形状的砖块，最后把这些砖块拼合在一起就能形成坚固的长期基地，类似于拼接积木的过程。

5.5　深空探测仪器中的3D打印

深空探测活动中，在星球基地的建立之外，人们还致力于星球环境的探测和星球资源的开发。深空探测过程中，涉及探测车、探测机器人等仪器设备，目前已经逐渐出现3D打印技术的应用。

图5.33和图5.34分别展示了我国祝融号火星车和NASA毅力号火星车工作的场景。通过火星车，能够探寻在火星上是否存在微生物生命的迹象，还能够收集火星形貌与地质构造特征、火星表面土壤特征和水冰分布、火星表面物质组成、火星大气电离层及表面气候和环境特征、火星物理场和内部结构等相关信息，为人们进一步开展火星探索建立基础。

西　　　　　　　　北　　　　　　　　东　　　　　　　　南

图5.33　祝融号火星车工作场景

（a）祝融号火星车（来源：中国国家航天局）

（b）毅力号火星车（来源：NASA）

图5.34　火星车

　　采用3D打印技术可实现多种星球探测零部件、仪器的加工和制备。如图5.35
所示的热交换器，用于火星上氧气原位资源的利用。在火星上原位产生并利用工
业氧气，能够为火星上制造火箭推进剂提供原材料，帮助航天员返回地球。

　　将航天员送到太空中进行星球探测或者星际航行时，最为困难的事情之一
就是回到地球。从火星表面要返回地球，将需要耗费大量的氧气，与火箭燃料
一起合成推进剂。例如，四名机组人员需要大约25t的氧气才能产生约7t火箭燃
料的推力。因此，能够在星球上原位产生氧气对于航天员深空探测的安全返回
至关重要。

　　传统的制造工艺中热交换器的各组成部分需要分别进行加工，然后通过焊
接的方法连接到一起。而使用镍合金3D打印能够实现一体化设计和制造。之所
以采用镍合金作为原材料，是因为镍合金是一种高温合金，能够在非常高的温
度下保持强度。在热交换器内，必须保证能够将火星空气加热到800℃左右的环
境温度，镍某合金将使得仪器的关键部分能够不受高温的影响。

图5.35　3D打印镍合金热交换器

这种高温合金还可以用于喷气发动机或发电涡轮机中，具有耐腐蚀、耐高温的特性。

但是在3D打印过程中，由于器件是逐层成型的，在层与层之间可能形成孔隙或裂缝，降低器件的结构性能。为了应对这种情况，需要对形成的材料在高温高压的环境中进行后处理，以保证其力学性能。采用X射线对图5.35中3D打印镍合金热交换器的内部缺陷和裂纹等进行检测（图5.36），最终成品呈现了良好的状态。

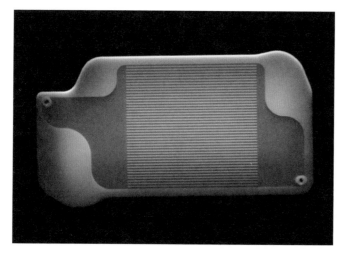

图5.36　3D打印镍合金热交换器X射线图像

图5.37显示了采用金属3D打印制成的火星探测器外壳。相比于传统机械加工工艺，3D打印钛合金外壳重量减少3/4～4/5，具有空心的结构，同时外壳非常薄。在毅力号火星车的X射线化学岩石探测仪器中，采用了多个3D打印的部件，具有减轻重量、减少零部件数量、提高力学性能等优势。

图5.37　3D打印火星探测器外壳

通过将3D打印的仪器或者包含3D打印零部件的设备发射到深空环境或星球表面，观测其多方面性能的变化，对于进一步的工艺改进优化和空间适应性研究都将提供不可或缺的数据和资料。

我国的天问一号火星探测器中也使用了超过100个3D打印的零部件，除了具有抗辐射、高强度、耐腐蚀、耐高温等特性外，还采用结构拓扑优化设计等方法实现了重量的减轻，对于未来星球极端环境中3D打印探测仪器与设备的正常工作与运行提供了前期试验参考。

5.6　适用于深空探测极端温度环境的打印新材料

对于深空探测任务而言，不仅是航天员，各种航天设备也面临着太空环境的苛刻考验。无论是星球基地的建立，还是星球探测机器人，都对能够耐极端温度环境的材料及其制备方式提出了需求。

例如，对用于星球探测的机器人而言，齿轮是最为重要的活动关节。精密的齿轮对于机器人至关重要，是保持四肢平稳移动的前提。但是对于深空探测而言，极端的温度环境可能导致齿轮的润滑剂失效，齿轮无法正常工作甚至冻裂，或者是高低温变化下使用寿命极度缩短。对于好奇号火星车而言，每次开始工作前都要耗费近3h进行润滑剂加热，消耗了大量宝贵的电池能量。

金属玻璃是一种具有独特的无序的原子结构的材料，兼具了金属良好的延展性，硬度超过高硬工具钢，又具有玻璃的韧性，同时还耐腐蚀、抗辐射，可以工作于-200℃的低温条件下，是一种性能卓越的新兴航天材料。在加工时通过加热能够让金属玻璃吹塑成型，因此适于作为3D打印的原材料进行器件的制备。

采用金属玻璃制成的齿轮，能够在-200℃时没有润滑剂的前提下实现强劲的转矩和平滑的转弯（图5.38）。对于火星探测机器人而言，采用这种齿轮可以减少移动时对润滑剂的依赖，不再需要额外的电力对润滑剂进行加热，减少了电池电量消耗。

图5.38　工作于极低温度下的金属玻璃齿轮

2017年至今，已有公布的基于金属玻璃的3D打印技术的专利，发明人来自美国加州理工大学。加州理工大学制造金属玻璃的工作原理类似于直接能量沉积3D打印技术：将第一层金属合金表面高温熔融；迅速冷却这层熔融金属合金，凝固形成金属玻璃的第一层；然后在此基础上进行下一层的加工。

NASA喷气推进实验室提出了采用一种将金属玻璃材料用于极端温度环境下齿轮的制备的工作设想。这种材料对于恶劣环境中机器人的移动将大有裨益，如在木星的卫星欧罗巴上。将这种特殊材料制成的齿轮集成到机器人手臂的各个部位，计划用于未来几年的月球表面试验（图5.39、图5.40）。在手臂组装完成以后，还需要将包含金属玻璃齿轮的每一个关节进行测试，测试内容包括转矩、转速、低温热真空测试等，以评估其在太空中工作时的真实性能。

图5.39　集成安装前的金属玻璃齿轮电机

图5.40　集成安装后包含金属玻璃齿轮电机的机器人关节

随着未来金属玻璃3D打印技术逐步走向应用，将有可能改变深空探测中机器人的传统制作和移动方式，使得机器人在月球、火星或更为苛刻的太空环境中的高效工作成为可能。

第6章

太空3D打印的新材料

6.1 金属材料的3D打印

6.1.1 异质双金属3D打印

火箭发动机点火器用于开启发动机的启动序列，是由许多不同材料制成的复杂部件之一。在传统制造中，点火器采用一种称为钎焊的工艺来制造，该过程通过将填充金属熔化成接头来连接两种类型的金属，从而形成双金属部件。钎焊工艺需要大量的手工过程，导致较高的成本和较长的制造时间。

通过消除钎焊工艺并将双金属部件内置在一台机器中，不仅可以降低成本和缩短制造时间，还可以通过提高可靠性来降低风险（图6.1）。将两种材料扩散在一起，两种材料在内部产生黏合，并且避免了在太空旅行过程中强力学和温度梯度下可能导致组件硬过渡的开裂（图6.2）。

图6.1　NASA马歇尔太空飞行中心的3D打印双金属轻质推力室组件

图6.2　显微镜的图像揭示了两种金属（铜合金和铬镍铁合金）制造过程中的混合和互锁可形成3D打印工艺产生的强力黏合

对于点火器原型件，两种金属（铜合金和铬镍铁合金）使用一种称为自动吹粉激光沉积的独特混合3D打印工艺连接在一起。点火器原型是被作为一个单独的部件制造的，而不是过去钎焊和焊接在一起的四个不同部件。这种双金属部件是在单一构建过程中通过使用DMG/MORI混合动力机器制造，新机集成了3D打印和计算机数控加工能力。

虽然点火器是一个相对较小的部件，只有10英寸（约0.25m）高，最大的直径为7英寸（约0.18m），但这种新技术允许制造更大的零件，并使零件的内部能够在制造过程中进行加工，这也是其他工艺技术无法做到的。这就如同在瓶子内建造一艘船，其部件的外部是"瓶子"，其中包含一个详细、复杂的"船"，里面有看不见的细节。混合工艺可以在外部完成和关闭之前在零件内的3D打印和加工之间自由交替。在下一代火箭发动机中，有望通过3D打印技术创建更大、更复杂的飞行部件。

NASA马歇尔太空飞行中心的机器人沉积技术（RDT）团队，正在设计和制造新型的轻质燃烧室、喷嘴和喷射器，采用自动化机器人沉积3D打印技术：冷喷沉积、激光线直接封闭、激光粉末床融合和激光粉末定向能量沉积。该硬件在365.4s的总热火持续时间内累计启动8次。在进行的所有测试中，主燃烧室的压力高达750psi（5.17MPa），并且计算出的热气温度接近6200 ℉（3427℃）。

还测试了为7000磅（31137N）推力设计的三种不同碳纤维复合材料喷嘴，并证明了它们在极端环境条件下的承受能力，测量的喷嘴温度超过4000℉(2204℃)。RDT的进步将有利于未来的宇航和商业航天任务，因为它提供了更轻巧和具有成本效益的液体火箭发动机部件，而不是传统的硬件，后者更重，通常由更多的部件组成。

6.1.2 大尺寸铜质件3D打印

铜的导热性能极好，这就是为什么铜是制备发动机燃烧室（图6.3）和其他部件的理想材料，但这种特性使得铜的增材制造具有挑战性，因为激光难以连续熔化铜粉。

图6.3　全铜打印的发动机燃烧室

目前，只有为数不多的铜制火箭部件是用增材制造来实现的，因此NASA正在通过3D打印一个火箭部件来开拓新的技术领域，该部件必须能够承受极端的高温和低温，并在非常薄的内壁外侧建立复杂的冷却通道。该部件是用GRCop-84制造的，这是一种铜合金，由NASA格伦研究中心（Glenn Research Center）制造，大量的材料表征帮助验证了3D打印加工参数并确保制造质量。格伦研究中心将开发一个广泛的力学性能数据库，用于指导未来的3D打印火箭发动机设计。

在燃烧室内，推进剂以超过5000 °F（2760℃）的温度燃烧。为了防止部件熔化，采用超低温氢气在200多个精雕细琢的冷却通道中循环。

图6.4中的电子显微镜图像显示了用于构建3D打印铜衬垫的原始铜粉。科学家对这种合金的样品进行了表征（图6.5），以了解粉末质量和特性如何影响构件质量。

除此之外，马歇尔太空飞行中心材料和加工实验室的一台选择性激光熔化打印机在10天18小时内熔化了8255层铜粉来制作燃烧室。在制造衬垫之前，材料工程师们制造了其他几个测试部件，对材料进行了表征，并创建了一个用铜进行增材制造的流程。

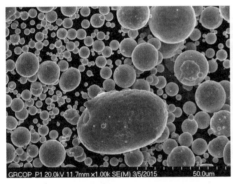

图6.4　原始铜粉的电子显微镜图像

图6.5　打印全铜样件的光学显微镜照片

6.1.3　铁镍金属的3D打印

通过3D打印（图6.6），复杂的、性能优化的、轻质的零件最终的成本比传统的替代品要低。AMAZE（零废料和高效生产高科技金属产品的增材制造计划）一直在研制3D打印零件以承受所需的负载，最终使得这些性能优化的复杂金属零件的重量不到原始组件的一半，而且是一

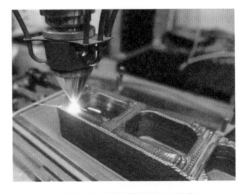

图6.6　基于激光的3D打印

体制造的，消除了连接点处典型潜在薄弱点。

AMAZE于2013年启动，是欧洲迄今为止最大的3D打印研发计划。该计划生产更轻、更便宜、性能更优的零件。AMAZE的工作范围涵盖整个工艺链，包括提出零件设计的新方法、可靠地完成和检查所生产的零件、引进新型材料、提高生产量和制定共同的工业标准。

对于图6.7中米级的打印件，这种部件的复杂性意味着打印模型文件大小可能是巨大的（比正常的CAD文件大几个数量级），并且可能需要很长时间来处理所有数据。因此，3D打印另一个重要的方向就是发展新的软件工具，从根本上减少所需的时间。

图6.7　3D打印的米级钛圆筒

新材料的开发是为了满足特定的工业需求，包括殷钢（InVar）的首次3D打印，这是一种镍和铁的合金，因其能够承受太空轨道上的极端温度且不膨胀或收缩而受到了欧洲航天局的高度重视（图6.8）。

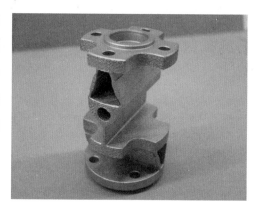

图6.8　耐高温的InVar镍铁合金打印的部件

对于打印部件而言，另一个问题是零件的后期加工、精加工和检查，包括标准化的非破坏性测试程序。例如，图6.9中的这种采用3D打印完成的塔架支架，其加工件的结构精度需要严格匹配，尤其对于微细处的结构而言更是如此。因此，对于加工件的精度检查，采用医疗式三维CT扫描是正在探索的一个解决方案，现有的研究结果将为该领域制定一个通用的ISO标准做准备。

图6.9　3D打印塔架支架

6.1.4　钛金属的3D打印

激光熔化技术被用于实现钛合金的3D打印，如欧洲航天局雅典娜X射线观测站核心的光学工作台的测试版本（图6.10）。一个多轴机械臂正被用来生产复杂的结构，包括放置光学镜面模块的结构。通过一个专门开发的名为COAXShield的工艺来实现，该工艺使用稀有气体——氩气将钛粉扫入激光的路径，在此过程中保护新打印的钛，使其避免与大气接触。

图6.10　欧洲航天局采用激光熔化技术进行钛合金3D打印

这种气体保护能够在增材制造（激光金属粉末沉积）和减材制造之间快速转换，因为考虑到第二个机械臂操作的低温冷却的铣削工具可以去除多余的钛，光学工作台本身被放置在两个机械臂之间一个缓慢移动的3.4m直径的转盘上。该项目的最终目标是生产一个3m直径的光学工作台，但原则上该程序可以适用于各种尺寸。

6.1.5　金属陶瓷零件的3D打印

欧洲航天局支持的德国初创公司TIWARI Scientific Instruments开发了一种允许使用各种金属和陶瓷进行低成本3D打印的技术。通常，用这种高性能材料生产精密零件在时间和成本上都是昂贵的，但该技术可以使用标准的3D打印机来制造。这些零件已经用铝陶瓷生产，只需使用现成的台式3D打印机，就能达到空间质量标准。

TIWARI的熔融长丝制造（FFF）印刷工艺使用热塑性长丝，这些长丝嵌入金属或陶瓷颗粒（图6.11）。打印完成后，称为坯体的部件将经过热处理，以消除塑料，留下金属或陶瓷物品。

图6.11　基于熔融长丝制造的铝陶瓷3D打印

6.1.6　不锈钢3D打印

图6.12中的开瓶器是用不锈钢3D打印的，质量达到了太空标准，只用了一台现成的桌面3D打印机。这个部件同样采用上述的FFF打印工艺制造，一旦打印完成，该部件将通过热处理消除塑料，留下金属或陶瓷物品。

图6.12　采用3D打印的开瓶器

6.2　复合材料的3D打印

6.2.1　3D打印塑料的在轨回收再利用

　　第一台集成3D打印机和回收机是诺斯罗普-格鲁曼公司天鹅座飞船第10次商业补给服务任务中发射到国际空间站的货物的一部分（图6.13）。这台被称为Refabricator的机器展示了将废旧塑料和以前的3D打印部件变成高质量的3D打印机长丝（3D打印"墨水"）的能力，以制造新的工具和材料。使用多次回收的塑料来制造零件，这些零件在地球上进行了质量测试。这项技术被证明有助于未来的月球和火星探索任务。该装置在NASA马歇尔太空飞行中心完成了最后的飞行认证测试。

图6.13 搭载在天鹅座飞船第10次商业补给服务的3D打印机和回收机

Refabricator可以接受各种尺寸和形状的塑料材料，并将它们变成用于3D打印物品的原料。整个过程在一台大约宿舍冰箱大小的自动化机器中完成（图6.14）。

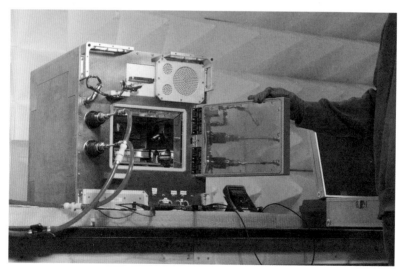

图6.14 Refabricator是一个回收器和3D打印机，
位于一个大约宿舍冰箱大小的机器中，已于2018年4月发射到空间站

图说太空中的 3D 打印

考虑到为航天器上的所有物资发送更换零件或工具根本是不可行的，从地球进行补给的成本和时间都很高，Refabricator将成为可持续物流模式的关键，以制造、回收和再利用零件和废料。航天员可以使用这项技术来制造和回收食品器皿，并将现在不方便处理的废物转化为原材料，以帮助建立下一代太空系统。重新利用这些废物，可以降低航天任务和私人太空探索任务的成本和风险。

6.2.2 利用模拟月尘打印砖块

图6.15为利用聚集的阳光，用模拟的月尘3D打印出来的三角形砖块。它是使用3D打印机生产的，在1000℃下连续烘烤0.1mm的模拟月尘层，在大约5h内完成一块20cm×10cm×3cm的建筑用砖。该试验的原材料使用了基于陆地火山材料的市售模拟月球土壤，经过加工以模仿真正月尘的成分和颗粒大小。

图6.15　利用聚焦的太阳光从模拟月尘中3D打印出的砖块

从图6.16中的横截面可以看出，一些砖块的边缘显示出一些翘曲，因为它们的边缘比中心冷却得更快。可以通过加快打印速度，以减少砖块内积聚的热量，来减弱这一效果。

图6.16 打印砖块的横截面

位于科隆的德国航空航天中心的太阳炉（图6.17）中，147个弯曲的镜子将太阳光聚焦到高温光束中，将土壤颗粒熔化在一起。考虑天气因素，太阳光由一个氙气灯阵列模拟。由此产生的砖块具有相当于石膏的强度，并进行了详细的机械测试。尽管如此，就目前而言，这个项目仍是一个概念证明，表明这样的月壤砖块建造方法是可行的。该试验是在标准大气条件下进行的，但真实的月球环境还要面对真空和极端温度环境的挑战。

图6.17 德国航空航天中心太阳炉

6.2.3 采用尿素和月尘模拟物打印混凝土

如图6.18所示，采用高压注射泵挤出的方式用3D打印机打印形成的混合物更为坚固，并保持了良好的可加工性。研究人员发现，在月球地聚合物混合物（lunar geopolymer mixture，一种类似于混凝土的建筑材料）中添加尿素比其他常见的增塑剂（如萘或聚羧酸盐）效果更好，可以减少对水的需求。由3D打印机打印的混合物表现得更坚固，并保持了良好的可加工性。

图6.18　高压注射泵用于月尘模拟物的3D打印

　　图6.19为一个1.5t的中空结构，使用模拟月尘3D打印出来，使之能像鸟骨一样将强度与低重量相结合。使用结合盐作为"墨水"生产，该结构在月球3D打印的初期可行性项目中制造完成。

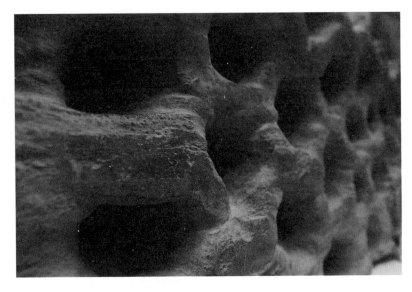

图6.19　使用模拟月尘打印的中空结构

6.2.4 用碳化硅打印过滤器

图6.20中的过滤器尺寸只有一个硬币大小，其材质为碳化硅，达到了空间质量标准。其生产过程只使用了现成的台式3D打印机。该碳化硅过滤器同样采用了德国TIWARI公司开发的FFF技术，使用标准的3D打印技术实现。

图6.20　硬币大小的3D打印碳化硅过滤器

6.3 仿生材料的3D打印

6.3.1 3D打印骨骼和皮肤

3D打印人体组织可以帮助航天员一直保持健康。欧洲航天局的一个项目已经制作了第一批生物打印的皮肤和骨骼样本（图6.21）。该骨骼样本使用人血浆作为营养丰富的"生物墨水"，添加磷酸钙骨水泥作为结构支撑材料，加上植物和藻类来源的甲基纤维素和藻酸盐，以增加这种"生物墨水"的黏度，使其适合在低重力条件下使用。

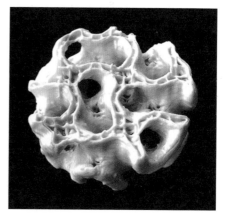

图6.21　3D打印的人体骨骼样本

人造骨骼样本是使3D生物打印成为太空急救医学实用工具的早期步骤。欧洲航天局的一项研发工作旨在开发生物打印技术，使执行长期任务的航天员能够随时获得骨骼或皮肤移植所需的"必备件"，甚至是完整的内部器官。生物的3D打印可以帮助满足太空飞行的挑战性条件。例如，航天员在零重力或低重力下会失去骨密度，因此在轨道或火星上可能更容易发生骨折；治疗烧伤通常从病人自己身上取下的皮肤移植，在地球上有完整的医院护理可以处理，但在太空中风险更大，因为二次伤害同样不容易愈合。

6.3.2　3D打印血管

来自北卡罗来纳州温斯顿-塞勒姆的维克森林再生医学研究所的两组科学家采用3D打印技术在NASA马歇尔太空飞行中心组织的血管组织挑战赛（图6.22）中获得了第一名和第二名。科学家们使用了不同的方法来创建实验室培养的人类肝脏组织，这些组织足够强大，能够以类似于人体内部的方式生存和运作。使用不同的3D打印技术，构建了一个约1cm厚的立方体组织，并能够在实验室中运行30天。人体的组织依靠血管为细胞提供营养和氧气，并清除代谢废物，这一过程称为灌注。对实验室培育的人体组织进行灌注测试时，发现液体通过组织时没有发生泄漏。这项研究可能有助于实现三维组织的生长和长期存活，用于研究和治疗，并最终实现器官包扎和替换。

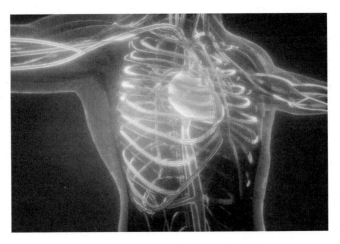

图6.22　NASA组织的血管组织挑战赛

6.3.3 急救式生物3D打印机

图6.23中的Bioprint急救生物打印机是手动操作的，仅由手柄、分配装置、打印头、导轮和两个生物墨盒组成。该技术不使用真正的人类细胞，而是使用荧光微粒。当与两种快速固化的凝胶结合使用时，这些微粒会产生一种类似石膏的伤口覆盖物，该覆盖物将被打印在航天员的身上，急救使用。随后航天员被送回地球进行进一步检查和治疗。

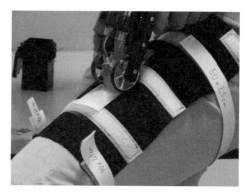

图6.23　手持式急救生物打印机

6.3.4 3D打印保障航天员生命系统

未来，进入深空的航天员可以使用3D打印的皮肤、骨骼甚至整个器官进行治疗（图6.24）。阿波罗航天员曾经在大约12天的月球旅行中携带了一个小医疗袋，里面装有绷带、抗生素和阿司匹林。将来，远离地球数月或数年的太空旅行者将需要更多、更灵活的医疗支持。

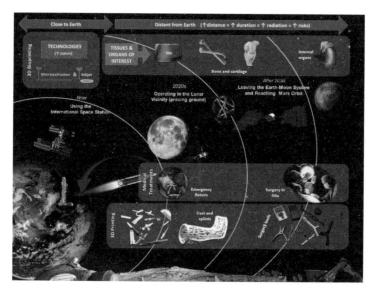

图6.24　采用3D打印保障航天员生命系统

就像标准3D打印机使用塑料或金属来构建三维物体一样，生物3D打印机使用基于人体细胞的"生物墨水"，以及再生身体组织（如皮肤、骨骼和软骨）所需的营养物质和材料，以提供稳定性和最佳物理条件，促进身体组织的重建（图6.25、图6.26）。而打印整个器官将是一个更富挑战的任务，或许是下一个十年的目标，涉及多种细胞和组织类型的精确组合，以及整体协同工作。

图6.25　3D打印动脉

与如今的低地球轨道航天活动相比，前往遥远目的地的长途任务将面临非常不同的挑战。在发生医疗紧急情况时，无法快速返回地面，航天员必须当场治疗。

由于航天员在失重状态下会面对骨骼和肌肉弱化，当航天员在轨道上停留数年而不是数月时，这种情况可能会变得更加严重。当航天员在其他行星的重力下活动时，同样会发生意外受伤的情况，增加了骨骼和关节损伤以及滑倒和事故造成的皮肤损伤的风险，这种受伤的风险甚至超过了辐射暴露所带来的风险。

图6.26　3D打印骨骼的过程

由于航天器内部空间狭小，不可能为所有的可能做准备，难以提供完备的医疗材料和条件。而生物3D打印功能将允许对紧急情况做出更灵活、更通用的应对。例如，严重的烧伤通常使用患者身体其他部位的皮肤移植物进行治疗，这涉及移植区域的继发性损伤。相反，如果可以从患者自己的细胞中生长和生物打印新的皮肤，然后直接移植，或者以定制形状的打印组织直接替换身体受损伤的部分，包括皮肤、骨骼或者内部器官，这不仅为太空探索过程中的实时治疗提供了新的选择，也为地球上的治疗开辟了新的途径。

事实上，要实现这一过程还会面临更多的问题。一个未知的难题是生物打印结构在打印后将如何成熟，以及它们在人体中的实施将如何受到空间条件改变的影响。此外，移植组织所需的手术也需要重新思考。地面手术室的无菌环境、设备和训练有素的人员，以及容易提供的一次性手术用品，而这些在空间环境中将变得很困难。因此，在太空中可能需要外科手术机器人来帮助填补手术技能上的问题，通过人工智能自主操作，而不是由地球外科医生远程控制，因为深空任务中涉及的通信延迟使得直接远程医疗并不现实。

6.4　打印材料的状态

6.4.1　3D打印金属的耐热性

未来的月球着陆器（图6.27）可能会配备3D打印的火箭发动机部件，有助于降低整体制造成本并缩短生产时间。而对于火箭发动机而言，打印部件的耐热性是至关重要的一个特质。高强度铁镍高温合金喷嘴使用一种称为激光粉末定向能量沉积的方法进行打印。通过一系列热火测试（图6.28），NASA验证了两种3D打印的发动机部件（铜合金燃烧室和由高强度耐氢合金制成的喷嘴）可以承受与传统制造的金属结构相同的极端燃烧环境。这些热火测试是这种部件用于未来月球和火星任务的关键步骤。在整个测试过程中，工程师收集了大量数据，包括冷却液通道和主腔室中的压力和温度测量值，以及排气羽流和腔室喉部的高速和高分辨率视频。研究团队还计算了腔室的性能以及发动机总体上使用推进剂的效率。这些测试旨在使这些3D打印火箭发动机部件以及其他3D打印硬件能够用于未来的月球着陆器。

图6.27　未来的月球着陆器及构想的月球基地

图6.28　采用3D打印的火箭发动机部件热火测试

6.4.2 激光3D打印的X射线成像

为了进一步了解基于激光的金属3D打印所涉及的潜在的激光与物质相互作用机制，可以通过高速同步辐射X射线成像观察打印过程。这也是欧洲的AMAZE项目支持的一项研究（图6.29）。当激光束与粉末颗粒接触时，它们通过激光熔化融合成一个个固体珠，时间尺度为微秒。该研究揭示了熔层轨迹沉积过程中的基本物理现象，包括显示激光诱导的气体/蒸汽喷射通过喷溅促进熔层轨迹和剥落区的形成。

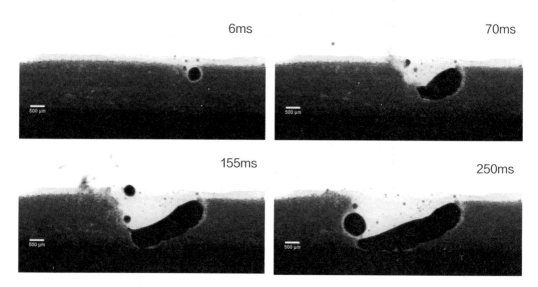

图6.29 激光3D打印X射线成像的特写

6.4.3 3D打印的表面状态

图6.30为通过3D打印制造生产的零件表面的扫描电子显微镜特写。该图像显示了一个内部空腔的截面。该材料是Ti6Al4V，通过选择性激光熔化处理，然后进行后处理，以去除其空腔中的松散粉末。通过剖开零件以打开空腔。观察结果显示，需要对清洁过程进行重大改进，以确保无松散颗粒的表面。由于其打印制造的工艺原因，松散的颗粒将黏附在固体表面，这对在太空中使用可能造成麻烦。图6.30中所观察到的最大颗粒直径约为100 μm，相当于普通人头发丝的粗细。

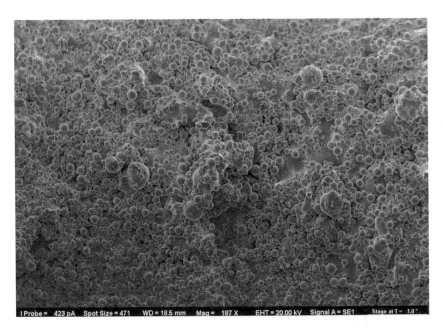

| I Probe = 423 pA | Spot Size = 471 | WD = 18.5 mm | Mag = 187 X | EHT = 20.00 kV | Signal A = SE1 | Stage at T = -1.0 ° |

图6.30　3D打印零件表面形貌的电子显微镜图像

第7章

太空3D打印的技术应用

7.1　耐高温3D打印技术

7.1.1　3D打印耐高温喷嘴

采用3D打印具有复杂散热结构的金属可以耐受高温。NASA的快速分析和制造推进技术项目（RAMPT）正在推进增材制造技术，使用金属粉末和激光3D打印火箭发动机部件（图7.1）。这种方法被称为吹塑粉末定向能量沉积，可以降低生产大型复杂发动机部件（如喷嘴和燃烧室）的成本并缩短交货时间。该打印方法将金属粉末注入激光加热的熔融金属池（或称熔池），吹出粉末的喷嘴和激光光学器件被集成在一个打印头中，并将这个打印头连接到一个机器臂上。打印头按照计算机确定的模式移动，一次建造一层。这种制造方法有许多优点，包括能够生产非常大的产品等。它还可以用来打印非常复杂的部件，包括带有内部冷却剂通道的发动机喷嘴。带有内部冷却剂通道的火箭发动机喷嘴通过这些通道运行低温推进剂，以帮助喷嘴保持安全温度。用传统方式制造喷嘴是一个具有挑战性的过程，可能需要很长的时间。吹塑粉末定向能量沉积增材制造能够创建具有复杂内部特征的大规模的部件，这在以前是难以实现的。这样能够大大减少制造带有内部通道的冷却喷嘴和火箭其他关键部件的时间和成本。

图7.1　NASA的快速分析和制造推进技术项目（RAMPT）
使用金属粉末和激光3D打印的火箭发动机部件

　　RAMPT团队最近使用该技术生产了NASA打印的最大的喷嘴之一，直径为40英寸（101.6cm），高38英寸（96.52cm），具有整体集成的冷却通道（图7.2）。这个喷嘴的制造只用了30天，而使用传统的焊接方法则需要近一年的时间。使用这种新型的增材制造技术生产通道壁喷嘴和其他部件，将帮助航天器研发团队以所需的规模制造SLS发动机，并缩短进度和降低成本。在一系列严格的热火测试中，工程师们将把喷嘴置于6000℃的燃烧温度和发射时面临的持续压力下，以证明这种新的定向能量沉积技术生产产品的耐久性和工作性能。

图7.2　3D打印的火箭发动机喷嘴整体构型

除此之外，NASA马歇尔太空飞行中心的一个工程师团队开发并推进了一种名为激光线直接封闭（LWDC）的新工艺，以显著减少时间来制造成本较低的喷嘴。LWDC是一种不同于大多数3D打印技术的工艺（以粉末为基础并分层制造），它使用了一种自由定向的能量线沉积工艺。这项新的专利技术有可能将建造时间从几个月减少到几周。LWDC方法采用基于金属丝的增材制造工艺，精确地封闭喷嘴冷却剂通道，其中包含高压冷却剂液体，以保护必须承受高温的喷嘴壁。

喷嘴是主动冷却的，这意味着在燃烧循环中使用的推进剂通过喷嘴（图7.3），在一定程度上冷却喷嘴壁，使其不会过热。为了制造这种主动冷却喷嘴，需要在喷嘴内制造一系列通道，但随后必须关闭密封，以容纳高压冷却剂。使用LWDC技术的新专利工艺关闭了冷却剂通道，并在原位打印形成了一个支撑套，在发动机运行期间对结构负荷做出反应。

图7.3　喷嘴热火测试

7.1.2 3D打印铂合金推进器腔室

欧洲航天局的一个名为先进卫星推力室增材制造技术的项目（AMTAC），通过铂合金打印了10N推进器的燃烧室和喷嘴（图7.4），使用的是应用于金属粉末床的激光束。随后进行了热火测试，达到了1253°C的最高温度。在德国Lampoldshausen的空客防务和空间设施中完成了推进器原型的生产和测试。

图7.4 3D打印铂合金喷嘴

7.1.3 3D打印保温技术

太空发射系统在向月球轨道发射飞船和其他货物时，将面临恶劣的条件和飞行中的极端温度，为此需要强有力的温度保护。技术人员和工程师们可以采用3D打印技术将热保护系统应用于火箭中尺寸较小、较复杂的部分。通过采用喷涂泡沫或传统绝缘材料的方式，保护火箭大型和小型部件在发射过程中不受热，并维持大型罐内推进剂的低温状态。然而，小的硬件或狭窄的区域，如发动机部分的内部管道，需要技术人员手动喷上泡沫或使用

图7.5 用于保温的3D打印浇注模具

泡沫铸造，在某些情况下，需要使用3D打印的模具（图7.5）。混合并倒入模具的泡沫会膨胀，并完美地适应零件。这减少了复杂繁琐的后处理工作，从而减少了整体的加工时间。NASA和波音公司的工程师在项目早期进行了大量的技术开发和鉴定浇注泡沫测试。利用这些数据，团队开发了一系列流程，减少了单个3D打印模具所需的时间。从而将更多的时间集中在攻克每种泡沫使用必须满足的关键技术要求上。这简化了从3D打印到浇注应用的过程，并加快了处理时间。

7.2　复杂结构型3D打印技术

7.2.1　3D打印高复杂度火箭涡轮泵

涡轮泵是有史以来最复杂的3D打印火箭发动机部件之一。在NASA马歇尔太空飞行中心用液态氢推进剂进行的一系列成功测试中，涡轮泵实现了以每分钟9万多转的速度工作，如图7.6所示，这款涡轮泵采用3D打印制造，零件比用传统制造的类似泵少45%。

图7.6　转速超过90000 r/min的涡轮机

3D打印是加强空间飞行器设计的一项关键技术。涡轮泵是火箭发动机的一个关键部件，它的涡轮机旋转并产生超过2000马力（1491kW）的动力（是纳斯卡发动机功率的2倍）。在15次测试过程中，涡轮泵达到了全功率，每分钟输送1200加仑（4543L）低温液态氢[这足以为能够产生35000磅（156kN）推力的末级火箭发动机提供动力]。对燃料泵及其部件进行设计，并使用3D打印工艺制造。设计图被输入到3D打印机中，然后打印机通过将金属粉末分层并用激光将其熔化来制造每个部件。在测试过程中，3D打印的涡轮泵被暴露在火箭发动机内部的极端环境中，燃料在超过6000 ℉（3315℃）的温度下燃烧以产生推力。涡轮泵以冷却到-400 ℉（-240℃）以下的液态氢形式输送燃料。测试有助于确保3D打印部件在这些苛刻的条件下成功运行。

7.2.2 3D打印复杂的飞机结冰形状

航空航天研发人员正在使用最现代化的研究工具（包括3D打印）以生成新的研究数据（图7.7），这将有助于飞行器制造商和运营商更有效地处理航空航天的重要安全挑战之一——结冰。

图7.7　使用3D激光扫描仪测量大型机翼部分的结冰，研究隧道中产生的冰形

航空航天领域从第二次世界大战前就开始研究结冰问题。这组新的数据使研究人员对冰的形成及其对飞行器的影响有了更好理解，而其中的关键就在于将3D打印作为一种研究工具。历史上，结冰研究一直依赖于在专门配备的风洞中产生真正的冰，将超冷的水滴吹到飞行器表面（通常是机翼），然后在接触时冻结。

尽管在这些受控条件下产生的冰的形状与自然界中形成的冰非常吻合，但用于记录和分析这些形状的方法相对简单。最常用的方法是用一个加热的金属板在冰上切开一个口子，然后把一块纸板插入其中，再用铅笔描出冰的轮廓。对这些轮廓的测量提供了一些用于计算机代码的数据，运行模拟，以了解和预测各种冰的形状对飞行器空气动力学的影响。然而，由于这些描图的结构相当粗糙，冰的形状的细节丢失，这意味着所产生的计算机代码不能完全代表空中的真实情况。多年来，研究人员试图通过传统的模型制作方法，包括使用模具和铸件，来人工制作和测量更复杂的形状。然后，这些模型将被连接到飞行器表面并在风洞中进行测试。

随着越来越先进的3D打印技术的出现，以及扫描物体在计算机中建立和操作3D模型的能力提升，结冰研究已经进入了一个新的时代。图7.8是一个由3D打印机打印的复杂冰形状的例子，NASA格伦研究中心将其用于研究结冰对飞行器空气动力学的影响。

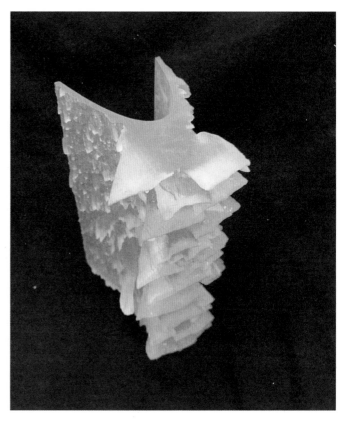

图7.8　3D打印机打印的复杂冰的形状

7.2.3　3D打印高精度气体识别望远镜

图7.9是一个由欧洲航天局的荷兰团队设计的太空望远镜，该望远镜用于识别地球大气中的臭氧和其他微量气体。其由三个主要部分组成，包括望远镜的两个镜子在内共有九个零件，用飞行级别的铝合金打印。与2.8kg的原始版本（NASA的EOS-Aura任务中飞行的臭氧监测仪器（OMI）望远镜）相比，这个版本质量仅有0.76kg，大约减轻了73%，而且测量精度没有下降。

图7.9　采用3D打印制造的气体识别望远镜

该仪器需要极其精确的光学对准才能完成其工作，识别大气中微量气体的光谱指纹。这种光学机械结构对材料、生产过程和设计团队都提出了很高的要求。3D打印的优势使这个仪器使用很少的部件就能完成任务。因为这些部件以前所未有的复杂几何形状建造，使其能够将功能结合在一起。这节省了宝贵的重量，以及降低了设计、装配和测试系统的工作量。同时，它能够实现一个坚固的顶级光学仪器的所有必要性能。打印过程也意味着望远镜复杂的内部结构可以一次完成，包括用于减少不必要的内部杂散光的多个挡板和固定的两面镜子。

7.2.4　3D打印完整的可储存推力室

欧洲航天局通过采用3D打印一个完整规模的火箭推力室组件，进一步证明了增材制造技术在火箭末级、在轨运输、微型发射器和探索航天器（如月球着陆器和月球上升器）的发动机设计等方面的应用更加成熟。

这种推力室完全由3D打印技术制造（图7.10），是为可储存推进剂设计的，其可以在室温下以液体形式储存，使得火箭发动机在持续数月的飞行任务中具有更高的可靠性，同时也更容易重复点火。这个采用3D打印的燃烧室的标准推力为2.5kN，在德国航空航天中心（DLR）的Lampoldshausen测试中心点火测试了560s（图7.11）。

图7.10　3D打印的完整规模的推力室　　　图7.11　Lampoldshausen测试中心的热火测试

该燃烧室由阿丽亚娜集团在欧洲航天局的未来发射装置准备计划中开发，有助于研究通过3D打印创造的部件表面上的流动和热传递现象。燃烧室结构中需要排列打印一个复杂的冷却通道以冷却室壁。

对于热发射和实际飞行过程而言，3D打印部件存在着系列挑战，特别是对于精细、复杂的结构的处理时，如冷却通道，更是如此。通过热火测试证明了3D打印工艺是一种有效的加工方式，同时也有助于促进对增材制造火箭发动机内的流动现象的了解。通过3D打印技术，可以帮助研究人员更灵活地将冷却系统与燃烧过程分开，以研究热力学和流体动力学特性的增材制造结构和表面特性。

7.3 高利用率的3D打印技术

7.3.1 3D打印助力寻找黑洞

　　欧洲航天局的一个旨在搜索超大质量黑洞（图7.12）的X射线望远镜，使用一种叫作等离子体金属沉积的新型3D打印技术来建造，该太空望远镜（雅典娜）计划于2033年发射。等离子体金属沉积技术也是未来制造空间大型部件的候选方案，如雅典娜的光学工作台（图7.13，它负责对准和固定大约600个镜子模块），这将是有史以来用钛合金打印的最大部件，其整体形状直径约为3m，而精度必须控制在几十微米以内。

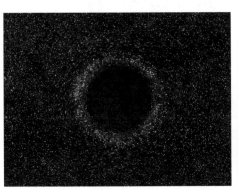

图7.12　宇宙黑洞

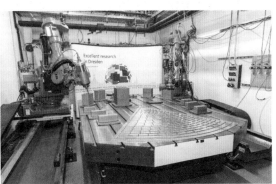

图7.13　3D打印和铣削后的雅典娜光学工作台

　　该光学工作台的整个工艺链以及3D打印使用钛合金作为金属粉末或线材材料。测试显示该部件具有良好的力学性能和精加工性能，标志着采用3D打印技术可以完成这项高精度任务。相比较而言，若使用传统的制造方法，即从块状物上进行铣削，将造成80%以上的材料浪费。通过使用这种等离子体金属沉积技术，能够大大节省材料和成本。

7.3.2 用3D打印建造月球基地

　　通过使用3D打印机选取当地材料建造月球基地，可以使月球基地的建立变得更加简单（图7.14）。目前，相关航天机构已经开始测试使用月球土壤进行

3D打印的可行性。现在在地球上3D打印技术已经可以生产出建筑物整个框架结构，但还需要确认的是这是否可以同样被用于建造月球基地。

图7.14　3D打印月球基地的构想

福斯特合伙人公司设计了一个承重的"导管"圆顶设计，用蜂窝结构的墙（图7.15）来屏蔽微流星体和太空辐射，并结合一个加压的充气装置来保障航天员活动。类似于鸟骨的中空的闭孔结构，能够提供一个兼顾结构强度和重量的方案。

图7.15　大型中空建筑体块

该基地的设计以3D打印的月球土壤的特性为参考，并制作了一个1.5t的建筑块样本。这种3D打印方法为促进月球定居提供了一种潜在的技术手段（图7.16），可以减少来自地球的物流成本。

图7.16　正在设计构想中的多穹顶基地

英国的Monolite公司提供了D-Shape打印机，在一个6m长的框架上有一个移动的打印喷嘴阵列，将黏合溶液喷射到类似沙子的建筑材料上。使用该打印机打印的墙体如图7.17所示。

图7.17　采用英国Monolite公司的D-Shape打印机打印的墙体

在打印过程中，需要先将模拟的月球材料与氧化镁混合，将其变成我们可以打印的"纸"，然后用于固定结构性的"墨水"，该公司采用一种结合盐，将材料转化为类似石头的固体。目前，Monolite公司的D-Shape打印机可以2m/h左右的速度下工作，而下一代设计的打印机速度应该达到3.5m/h，预计在一周内可以完成整个建筑的建造。

此外，意大利空间研究公司Alta（图7.18）与比萨工程大学合作，使3D打印技术适应月球任务，并确保过程质量控制，还评估了其在真空中工作的影响。Alta公司的打印过程是基于应用液体，考虑到没有保护的液体在真空中会沸腾，因此，需要将3D打印机的喷嘴插入石膏层的下面。研究发现，2mm规模的小液滴通过毛细力留在土壤中，这意味着打印过程确实可以在真空中完成。

图7.18　Alta公司采用3D打印成型的雕塑

除此之外还需要考虑的因素是，3D打印在室温下效果最好，但在月球的大部分地区，温度在持续两个星期的日夜中变化巨大。对于未来的月球定居基地而言，月球两极能提供最温和的温度范围（图7.19）。

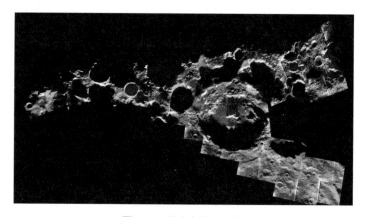

图7.19　月球南极卫星图

7.3.3 3D打印助力对抗"新冠"

得益于3D打印的通用性和定制特点,欧洲航天局欧洲航天员中心(EAC)的3D打印机被投入到对抗新型冠状病毒肺炎(简称"新冠")的工作中,两台开源3D打印机被用于生产面罩组件,完成后的面罩将交付给有需要的医院(图7.20、图7.21)。

图7.20　3D打印面罩支架

图7.21　EAC 3D打印的脸部防护罩部件

遵循相同的标准化的面罩打印设计已通过人体工程学优化，确保快速、高效和一致地生产面罩的头带和支架，以便及时为最终产品做出贡献。每个面罩由四个部分组成：3D打印的头带和3D打印的支架，这两个部分安装在一个由透明塑料片制成的面罩中，第四个部分是一个弹性带，使面罩能够舒适地固定在人的头上（图7.22）。

EAC负责打印头带和支架。每一套部件全部打印出来需要1.5 ～ 3h。

图7.22　组装好的面罩（即用型，带有过滤面罩）

3D打印已经成为未来太空飞行的一个有价值的工具，因为它使生产更接近使用点，并使航天员有能力在他们需要时生产部件，而不是携带全套的备件。它还允许废弃的材料被回收为可用的物品，并有可能被用于建造月球结构。

7.3.4　3D打印航天员医疗工具

作为一项有望成为通用的技术手段，3D打印技术可以为航天员身体状况的检查提供定制性的辅助工具。NASA希望为国际空间站（ISS）上的仪器开发可3D打印的设计，使其能够处理像血液样本这样的液体，而不会在微重力下溢出。这些工具使得航天员可以分析生物样本，而无须将它们送回地球。

当航天员进入太空后，必须自己完成所有的分析。因此，需要开发一个自动系统，以最少的人员干预来研究分子生物学。准备样本的挑战之一是在微重力下处理液体。航天员收集各种样品，包括他们自己的唾液和血液，以及从国际空间站墙壁上拭取的微生物。然后，将这些样品与水混合，以便可以将它们注入仪器进行分析。如果没有适当的工具，样品可能会溢出、漂浮或形成气泡，从而影响测试结果。

2016年，NASA首次在太空进行DNA测序，航天员们使用了MinION的微型手持式测序工具（图7.23），并在此基础上开发了一个自动DNA/RNA提取器，为MinION设备准备样本。这个提取器的关键部分是一个3D打印的塑料盒（图7.24），用于从样品中提取核酸进行MinION测序。

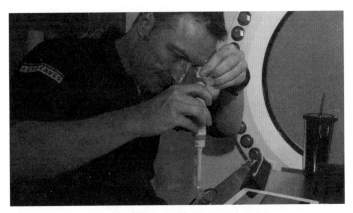

图7.23　航天员使用MinION的微型手持式测序工具

图7.24　提取器的关键部分是一个3D打印的塑料盒

7.4 集成化的3D打印技术

7.4.1 3D打印微型传感器

由NASA空间技术任务局（STMD）早期职业倡议（ECI）资助的3D打印微型化传感器这项工作的核心是由Ahmed Busnina和波士顿东北大学的研究小组开发的一个3D打印系统。该3D打印系统类似于生产货币或报纸的打印机。然而，该打印机不是使用墨水，而是将纳米材料逐层涂抹在基材上，以创造出微型化传感器（图7.25）。最终获得的每个传感器都能检测到不同的气体、压力水平或温度。

图7.25　NASA微型化传感器

纳米材料，如碳纳米管、石墨烯、二硫化钼和其他材料，均表现出令人感兴趣的物理特性。它们在极端条件下具有高度敏感性和稳定性。由于重量很轻，其对辐射有很强的抵抗力，并且需要更少的电力能源损耗，使得它们成为太空应用的理想选择。Sultana团队设计了传感器平台，美国东北大学使用其纳米级胶印系统来应用纳米材料。打印完成后，Sultana团队通过沉积额外的纳米粒子层使单个传感器功能化，以提高它们的灵敏度，将传感器与读出电子装置集成，并将整个平台打包。这种方法与当前的制造多功能传感器平台方式有很大的不同。3D打印技术允许技术人员在一个平台上打印一套传感器，而不是一次制造一个传感器，然后将其集成到其他部件上，从而极大地简化了集成和封装过程。

该技术的优势在于可以在同一基板上打印所有传感器和部分电路，这些基板可以是刚性的，也可以是柔性的，消除了许多封装和集成问题。可以将所有的传感器都集成在同一芯片上，层层打印。Sultana团队使用相同的技术来制造和演示由碳纳米管和二硫化钼等材料制成的单个传感器，所制备的传感器非常灵敏，精确度达到百万分之一。

7.4.2　3D打印微型卫星主体

3D打印的微型卫星主体（图7.26）由聚醚醚酮（PEEK）制成。通过掺入导电粒子使其具有导电性，这些微型卫星结构可以纳入其自身的电气线路。未来，当载荷仪器、电路板和太阳能电池板被安装进去，这种微型卫星就可以随时投入使用。

图7.26　采用3D打印的集成化微型卫星主体

7.5　轻量化3D打印技术

欧洲航天局采用3D打印技术制造了一个天线支撑支柱，其质量减轻了46%；一个内部银涂层的射频滤波器，其质量减轻了50%，并且将其制造时间缩短了几周。这些都表明3D打印是航天产品实现轻量化的重要手段。

7.5.1　轻量化的3D打印部件

采用蜂窝状点阵（图7.27）可以有效减轻火箭推力室和喷嘴的重量和降低其成本，对于减轻卫星重量具有较大的应用潜力。考虑到发动机的温度可高达2500°C，同时还需要提高其热弹性。与标准的固体物品相比，这种点阵的表面积大大增加，并且能够增加辐射冷却。

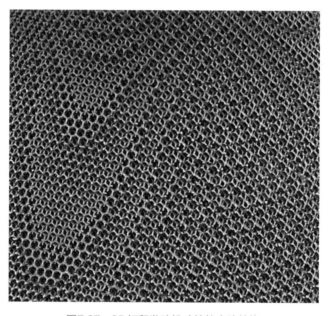

图7.27　3D打印发动机喷管的点阵结构

类似的3D打印制备的点阵也被考虑作为更耐用的推进器催化剂床，以避免标准颗粒催化剂在推进系统的使用寿命周期中的性能退化。此外，研究人员还考虑将这种特定设计的3D打印点阵用于推进剂管理装置（推进罐内的海绵状组织），以防止气泡并确保推进器性能稳定。

7.5.2 金属3D打印微波器件

金属3D打印有望助力于提升通信卫星的性能，以较低的成本实现更好性能的射频滤波器的生产。

射频滤波器是空间通信的关键技术。太空中充斥着无线电信号，这些滤波器就像守门员一样，筛除不需要的频率，同时允许选定的频道通过。一个典型的现代通信卫星可能携带数百个这样的滤波器（图7.28）。它们复杂的内部轮廓是专门为特定频率设定的，以允许使用多个信号波束。

图7.28　通信卫星中的射频滤波器

在欧洲航天局之前的研究基础上，英国空中客车防务与航天公司开发了3D打印的射频（RF）滤波器原型（图7.29），并通过严格的测试证明了它们的太空适用性。传统的金属波导射频滤波器被截成两段，然后固定在一起——这通常是为可实现性而非性能而设计。相反，3D打印生产的是一个单一的整体部件。这项新技术带来了新的设计自由，减少了限制，与传统的模式有很大的不同，在减少装配工艺的同时还能减少零配件，实现产品轻量化。

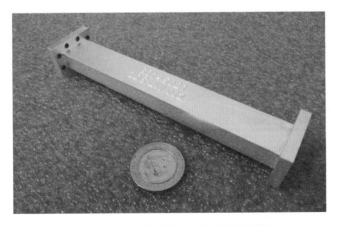

图7.29　3D打印射频（RF）滤波器原型

由3D打印实现的一片式设计最主要的好处是重量轻、成本少和生产时间短。由于不再需要紧固件，使得重量得到减轻。此外，直接使用金属打印，还有一个好处就是外轮廓更贴近内轮廓，所以能够使用更少的金属以形成腔体壁。而成本、时间的优势来自装配和后处理工作的减少。

由于打印过程使用金属粉末颗粒并通过激光熔化在一起，因此其中的挑战是如何最终获得足够光滑的成品表面。3D打印部件的微观拓扑结构与机械加工部件不同，机械加工的表面有尖锐的波峰和波谷，而3D打印的表面是熔化在一起的球状体，所以尖锐度较低。3D打印微波部件的设计和生产过程如图7.30所示。

采用不同的后处理加工方法打印了三个铝制部件，然后在模拟发射和轨道条件下进行测试，包括振动、真空和极端温度。所有三个部件都达到或超过了要求的性能，其中性能最好的是一个用电解法镀银的滤波器。测试表明，该工艺可用于未来的空间微波载荷生产，展示了更快的周转时间，降低了生产成本，重量减轻了50%。目前，研究人员正在尝试通过设计优化进一步减轻重量，包括在后续射频滤波器设计中整合不同的功能和组件（图7.31）。

图7.30　3D打印微波部件的设计和生产过程

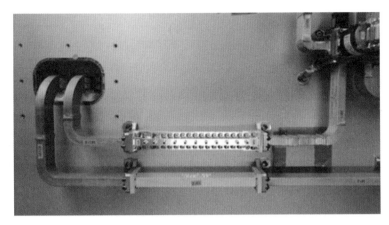

图7.31　组装的射频滤波器

为进一步优化波导射频组件，还需要多学科的团队合作。材料工程师与微波工程师、热能和机械工程师一起，加上3D打印研究人员，利用下一代计算机辅助设计工具，为研究3D打印开辟新方法。

7.5.3　一体式3D打印卫星支架

图7.32所示的用于卫星的一体化3D打印晶格型传感器支架原型，由捷克公司LKE设计，由布尔诺理工大学制造。通过选择性激光熔化生产，与标准部件相比，这种单件金属晶格部件的质量得到减小。它的质量只有164g，而传统生产的同类产品的质量为222g。

图7.32　一体式3D打印晶格型传感器支架原型

第8章

太空中的 3D打印未来发展

在月球、火星甚至更远的星球上建造基地，使得人类逐步构建起走向太空的基石。以此为支点，人类开始畅想前往更遥远星球的旅程。在此过程中，3D打印技术又将发挥怎样的作用呢？

8.1　太空中食品的3D打印

要完成长时间的太空航行，航天员的食物补给和空气补给必不可少且至关重要。

目前，对于空间站上的食物供应，主要还是采用单独包装的耐储存物品。航天员可以提前选择要携带的食物，然后一次性发射到太空中，或者依赖后续的空间货运飞船补给。

要在长时间续航的过程中实现多样化的食物供给和全方位的营养补充，尤其要解决食品保存的问题。目前的太空食品供给系统已经无法满足火星探测任务或者其他长期任务所需的营养需求和保质期要求。

3D打印为太空中的食物准备提供了更为广阔的实现方案。通过携带耐储存的原材料，就可以实现食品的定制化生产，以满足长期探索任务的安全性、可接受性、多样性和营养稳定性要求，同时耗费最少的航天器资源和机组人员时间。

目前，在国际空间站上开展了营养素包生产的研究（图8.1）。使用如面包酵母等微生物，利用干燥的粉末和水等基本材料，为航天员提供新鲜的营养素。通过在空间站上完成微生物生长过程，然后将生产的成品冷冻并送回地球进行进一步分析，以研究能否生产人类在太空中健康生存所需的新鲜营养素。

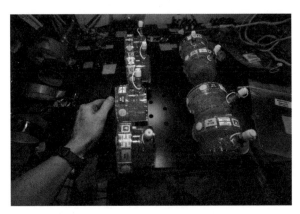

图8.1　国际空间站中的营养素包生产过程

8.2　星际旅行中飞船零部件的补给

当人们乘坐空间飞船进行星际航行，或者是从地球前往其他星球时，往往会遇到飞船的零部件故障，从而需要补给的情况，这也是很多科幻电影中常见的场景。而在现实世界中，这则是空间科学家从一开始就需要考虑的问题。不同于地球空间站还能够依赖有限次数的星船往返或是火箭发射获得资源补给，在星际旅行中，要想从地球获得稳定的补给几乎不再可能，3D打印技术的重要性再次凸显。

对于星际旅行中飞船零部件的补给，目前所构想的方式主要有两种：一种是通过对现有器件进行拆解，获得原材料，分析故障元件，然后对故障元件（如连接线、电容、电感、电阻等）进行打印，主要起到修复的作用；而另一种则是重新打印新的元器件或工具。无论是故障修复、元件补给还是重新定制，原材料都是必不可少的。采用已有的材料进行循环利用打印是一种很好的选择。

图8.2是已开发的一种电子元器件3D打印机。设计师琼斯·格伦将他的电子

元器件3D打印机的灵感追溯到《星际迷航》。20世纪70年代末，当时还是一名中学生的他观看《星际迷航》，被其中展示的"复制机"所震撼。这是一台在展会上展出的机器，可以根据需要生产食品、服装、船舶零件和其他任何需要的东西。

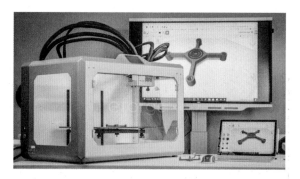

图8.2　电子元器件3D打印机eForge

"基本上，当你走到一个复制机跟前，告诉它你想要什么，它都会为你做。"格伦回忆道，"几年后，作为3D打印机工业时代的一名电气工程师，我开始询问自己一个问题：为什么我们不能用电子设备做到这一点？"

他开始开发3D打印机并最终将其命名为"电子炼金术"的eForge，是一种任何人都可以根据需要自行设计电子产品的3D打印机（图8.2）。该机器可以将传感器、灯和其他电子元件打印成想要的形状或打印到织物及其他材料上。格伦说："它只是扩大了你创造新事物和重新构思我们已有设备的能力。"

格伦向NASA的小企业技术转让（STTR）计划提出了该项目的申请，该计划资助为NASA任务做出贡献的研发项目。NASA批准了格伦的项目，并在STTR计划第一阶段和第二阶段中提供了约100万美元的支持。他还获得了一份小型企业第三阶段创新研究合同。

由于在太空中3D打印零件的能力可以支持长时间的航天任务，NASA多年来一直在研究这项技术。尤其是最近，电子技术成为研究重点，因为这些高精度零件和设备过去在国际空间站出现了故障。

马歇尔太空飞行中心空间制造项目的材料工程师特雷西·普拉特说："就目前而言，所有在太空中使用的东西都是从地球发射传送的。"普拉特协助对eForge开发进行技术监督。她说："当你考虑对前往火星或深空基地的长期任务进行分析时，后勤需求在某些方面变得令人望而却步。"

普拉特认为，能够根据需要在太空中打印零件或设备，有助于回收使用寿命已到尽头的零件，从而减轻长期任务的发射重量。当没有时间返回地球或等待补给船时，该能力还可以帮助航天员应对意外情况，从而提高安全性。

对于电子元器件3D打印机的研发而言，需要开发具有所需电气特性的可打印材料和相应的3D打印机。由于电子元器件的生产通常需要至少几种不同的材料，该打印机需要能够在不手动更换打印头的情况下打印多种材料。

目前，eForge采用熔融沉积成型（FDM）的3D打印工艺，首先将材料加热至液态，然后通过喷管喷出，类似于从喷胶枪中喷出的热胶一样，并将其静置在空间中，等待冷却和硬化。格伦和他的团队为eForge打印机的初始运行开发了六种基本材料并提交了专利申请，除了新型半导体材料外，还包括导电材料、绝缘材料、电阻和电容灯丝。据其公司介绍，eForge半导体材料可用于制造开关、通信设备和太阳能电池，也可用于制造集成电路、计算机、放大器等的二极管和晶体管。格伦及其团队正在继续为打印机开发新材料，包括一种用电流发光的灯丝、磁性材料和一种压电材料。

最初的eForge装置有一个独立的主动臂，可以拾取灯丝盒、放下材料、更换和拾取另一个灯丝盒。第一个模型在每层最多能打印八种材料，用于构建电气和机械部件。未来随着技术迭代，将允许更多材料的打印。电子炼金术正在与Autodesk合作，使其布局工具（如Fusion 360和TinkerCAD）适应eForge。用户将在eForge软件中设计组件或上传从其他程序中创建的文件。

除了在太空中使用外，这一类型的打印机还能够用于大学、中学的创客空间。学生们可以创建自己建模和测试过的电路和设备，并对其进行设计、打印、测试，确保其能工作。如果不行，可以在几分钟内重新设计和重新打印。

8.3 星际旅行中航天员得了重病怎么办

当航天员或星际旅行者在长期飞行的过程中突发重病，需要手术治疗怎么办呢？各国的科研工作者通过开展达·芬奇手术机器人和卫星通信技术相结合，初步实现了在轨远程手术的可能性。达·芬奇外科手术系统是一种高级机器人平台，其设计的理念是通过微创的方法，实施复杂的外科手术。达·芬奇手术机器人由三部分组成：外科医生控制台、床旁机械臂系统、成像系统。而对于在轨远程达·芬奇手术而言，则需要卫星提供准确、实时的通信，帮助地面的医生及时了解航天员的身体状况和健康情况，做出准确的手术判断。

而手术中需要的人体器官等，就需要3D打印技术的帮助了。

虽然有些骇人听闻，但是采用细胞作为3D打印的原材料，打印人体组织甚至器官确实已经不是新鲜事了，已经成为3D打印技术和生物科学相结合的一项重要交叉学科领域。

目前，采用3D打印技术获得稳定、可靠的人体组织甚至器官，以应对漫长的太空旅行中的突然变故，成为科学家们开始探索的一项前沿技术，并在前期取得了一定的研究进展。

NASA曾在2016年开展了一项命名为"血管组织挑战"的太空竞赛活动，作为NASA马歇尔太空飞行中心的百年挑战赛的一部分。2021年，来自位于北卡罗来纳州温斯顿-塞勒姆的维克森林再生医学研究所（Wake Forest Institute for Regenerative Medicine, WFIRM）的两组科学家在这项竞赛中分别获得第一名和第二名。这两组科学家分别代表了温斯顿团队和WFIRM团队，他们各自使用不同的方法来创建可在实验室生长的人类肝组织。这些组织足够强壮，能够以类似于人体内部的方式生存和发挥功能。每个小组都使用不同的3D打印技术构造了一个约1cm厚的立方体状组织，能够在实验室中工作30天。

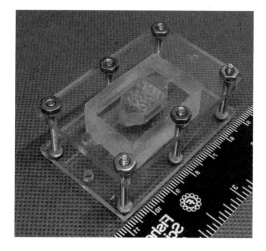

图8.3　温斯顿团队血管组织挑战赛作品

图8.3和图8.4展示了血管组织挑战赛第一名获得者温斯顿团队的作品。他们采用一个腔体存放打印的器官组织，并对其进行了灌注测试。人体组织依靠血管为细胞提供营养和氧气，并清除代谢废物，这一过程称为灌注。由于在工程组织中难以复现这一过程，NASA要求参赛团队研制出具有人造血管的组织，并给出在其中开展灌注测试的方案。

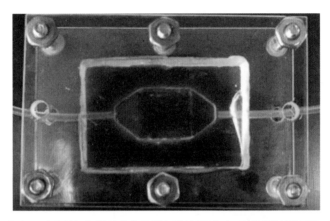

图8.4　温斯顿团队血管组织挑战赛作品进行灌注测试时，液体通过组织而不泄漏

根据挑战赛规则，获胜团队使用3D打印技术创建凝胶状模具或支架，并设计了一个通道网络，以维持足够的氧气和营养水平，使打印的组织在30天的试验中保持活力。人造组织的价值完全取决于其对人体实际发生情况的模拟程度和准确度。这些要求十分精确，对于不同的器官而言各有不同，使得该项任务非常复杂。

温斯顿团队和WFIRM团队使用了不同的3D打印设计和不同的材料来制作含有人类肝脏中发现的细胞类型的活组织。

对于长时间的太空旅行而言，3D打印人体器官技术初现曙光，为未来航天员在轨器官短缺的危机提供了可能的解决方案，同时也为在轨开展空间药物测试、疾病建模等基础医药学研究提供了研究对象。在太空中，这些模型可用于研究空间辐射对人体的影响，记录微重力下的器官功能，并为在太空生活或工作时如何尽量减少对健康细胞的损害给出可能的解决方案。太空中的微重力环境也可能有助于创建更大、更复杂的工程组织。与在地球上构建的组织相比，这些组织的外观和功能更接近于人体组织。

欧洲航天局针对向火星探测过程中航天员保持健康所需的人体组织3D打印技术开展了一些前期研究，开发出了一款可用于皮肤和骨头样本打印的"生物墨水"。

来自德累斯顿工业大学医学院的科学家认为，可以使用人类血浆作为"生物墨水"进行皮肤细胞的3D打印（图8.5）。而在太空飞行中，这样的"生物墨水"显然是可以从航天员身上获得的。但是随着重力条件的改变，"生物墨水"不容易在已打印的结构上附着，将导致打印工作无法继续。需要添加额外的材料以增加"生物墨水"的黏度，适应改变重力环境下的打印需要。航天员可以分别从植物和藻类中提取获得这些添加剂，实现太空飞行中3D打印原材料的自给自足。而骨骼的3D打印采用类似的"生物墨水"打印人类干细胞，并添加随后在生长过程中被逐渐吸收的磷酸钙骨结合剂作为结构支撑材料（图8.6）。

图8.5　太空中3D打印"生物墨水"样本（来源：欧洲航天局）

前往火星或者其他行星的太空旅行将长达数年，航天员们面对着许多未知的风险。在航天器有限的空间和重量下，为所有未知的可能情况携带足够的医疗用品是不可能、也是不可行的。与之相对应，3D生物打印技术将使得航天员能够应对出现的医疗紧急情况。例如，在烧伤的情况下，可以采用3D打印技术制造全新的皮肤，而不是从航天员身体的其他部位移植，避免造成在太空环境中可能不容易愈合的二次损伤。而且在所有情况下，生物打印原材料都来自航天员本人，因此不会出现移植排斥问题。

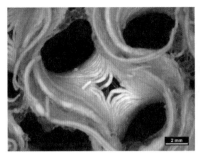

图8.6　3D打印骨骼样本（来源：欧洲航天局）

这些3D打印生物样本的研发，迈出了3D生物打印在太空中应用的第一步。后续还需深入开展太空打印设备、太空手术室和无菌环境等研究。

目前，俄罗斯公布了太空中生物3D打印的最新进展，俄罗斯也成为世界上首个在太空打印出生物器官的国家。俄罗斯航天员利用国际空间站上的3D生物打印机（图8.7），在零重力环境下打印实现了实验鼠的甲状腺。采用太空中的3D生物组织，能够对太空环境中的生物体进行研究，以评估宇宙辐射等因素的影响。该3D生物打印机被命名为Ornanaut，在2018年12月3日由联盟MS-11飞船运往国际空间站。

图8.7　俄罗斯3D生物打印机

进一步，俄罗斯航天员在太空微重力环境下开展了人体组织的3D打印，借助于一套磁悬浮装置，从一些分离的细胞里制造了人类的软骨。在传统的人体组织再生技术中，需要将细胞放置在具有生物相容性的支撑材料上，待细胞组织完成了所需器官的打印后，将支撑材料进行降解，得到最终的人体组织。但是在俄罗斯航天员的实验中，利用磁悬浮技术，将细胞悬浮在含有钆（一种稀土金属元素）离子的顺磁性介质中，受电场和电压驱动至特定的位置处。

目前，太空中的3D生物打印虽然初露曙光，但仍有很多科学问题亟待研究和解决，距离未来太空长途旅行中的实际应用更是有漫长的路要走。

8.4　3D打印太空着陆器

太空着陆器一般是指在星体表面进行勘测、探测、巡航任务的仪器。对于外星球的开发和利用而言，太空着陆器起着举足轻重的作用。在距离地球最近的星球——月球表面，人类已经利用太空着陆器开展了初步的勘探工作，发现了月球许多的奥秘。

从我国的嫦娥二号着陆器到目前仍在研制中的嫦娥七号着陆器，它们的历史使命就在于在月球表面顺利着陆以后，向地面发送在月球表面采集到的数据和图像。甚至还会发挥"开采者"的功能，将在月球表面进行实地考察获得的矿石、月尘带回地球进行数据分析，以帮助人类更好地认识月球的演变过程，为人类探索更为广阔的星球和深空打下基础。

例如，嫦娥三号着陆器就携带着玉兔号月球车，为月球表面的原位探测和巡视探测提供了必要的硬件支持（图8.8、图8.9）。除了月球车以外，着陆器还往往和上升器、轨道器、返回器等共同配置，在一次又一次的太空实验中逐步验证资源开采、中继通信、采样返回等功能，为更遥远的星球探测做准备。

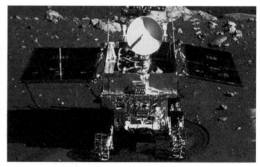

图8.8　嫦娥三号着陆器（来源：中国国家航天局）　图8.9　玉兔号月球车（来源：中国国家航天局）

3D打印技术应用于太空着陆器的建造时，具有诸多好处。一方面，采用3D打印技术对于太空着陆器的轻量化设计意义重大。为了避免星球表面强烈的太空辐射、极端环境等影响，着陆器往往采用铝、钛等金属建造。由此带来的缺陷是，着陆器自重过大，发射和运输成本急剧增加。而采用3D打印结构优化设计，尤其是结合AI技术时，使得实现太空着陆器减重10%甚至30%以上的设计成为可能，也成为科学家和工程师们努力的方向。此时，轻量化的着陆器设计使得发送和太空航行的成本大大降低，还为新型收纳提供了可能。图8.10显示了采用3D打印技术与AI设计技术相结合的新型太空着陆器的概念。它具有三个主体结构：由金属铝或钛打印而成的用以放置研究仪器的内部结构；为其提供支撑的底盘结构；借助3D打印技术实现的金属"腿"。采用蜘蛛的仿生学概念设计，使得该着陆器可以方便地在行星表面行走。相比于传统设计和加工的着陆器，这款蜘蛛造型的着陆器质量大大减小，质量仅约80kg。而NASA最新研制的洞察力号火星着陆器质量则达到349kg。

图8.10　3D打印轻量化太空着陆器概念

我国的嫦娥四号月球探测器中也采用了部分3D打印的新零件。通过3D打印铝合金结构件，实现了轻量化设计，减小了原零件的质量。

另外，3D打印技术也为在轨建造和原位释放太空着陆器提供了可能性。随着研究工作的不断开展，相信未来的某一天，科学家们能够携带原材料到太空，根据实际的通信或探测需求，打印合适的太空着陆器。

主要资料来源

中国国家航天局（CNSA）：www.cnsa.gov.cn
美国国家航空航天局（NASA）：www.nasa.gov
美国喷气推进实验室（JPL）:www.jpl.nasa.gov
欧洲航天局（ESA）：www.esa.int
俄罗斯联邦航天局：www.roscosmos.ru

参考文献

[1] 田小永，李涤尘，卢秉恒. 空间 3D 打印技术现状与前景 [J]. 载人航天，2016, 22(4): 471-475.

[2] Prater T, Werkheiser N, Ledbetter F , et al. 3D Printing in Zero G Technology Demonstration Mission: Complete experimental results and summary of related material modeling efforts[J]. International Journal of Advanced Manufacturing Technology, 2019, 101: 391-417.

[3] Chu L, Marussi S, Atwood R C, et al. In situ X-ray imaging of defect and molten pool dynamics in laser additive manufacturing[J]. Nature Communications, 2018, 9: 1355.

[4] Scannapieco D S, Lewandowski J J, Rogers R B, et al. In-Situ Alloying of GRCop-42 via Additive Manufacturing: Precipitate analysis[R]. NASA/TM-20205003857, 2020.

[5] Chen P, Medders M, Katsarelis C, et al. Segregation evolution and diffusion of titanium in directed energy deposited NASA HR-1[J]. NASA/TM−20210013649, 2021.

[6] Hofmann D C, Polit-Casillas R, Roberts S N, et al. Castable bulk metallic glass strain wave gears: Towards decreasing the cost of high-performance robotics[J]. Scientific Reports, 2016, 6: 37773.

[7] 第一颗 3D 打印的俄罗斯卫星将于 8 月 17 日发射 [J]. 航天返回与遥感，2017, 38(4):1.

[8] 杨杰，黎静，吴文杰，等 . 空间大型桁架在轨增材制造技术的研究现状与展望 [J]. 材料导报，2021, 035(003): 3159-3167.

[9] 高彬彬 . 中美首次太空 3D 打印对比 [J]. 军民两用技术与产品，2020(8): 28-32.

[10] 梁静静，杨彦红，金涛，等 . 金属材料空间 3D 打印技术研究现状 [J]. 载人航天，2017, 23(5):7.

[11] 郭继周，邓启文 . 我国 3D 打印技术发展现状及环境分析 [J]. 国防科技，2015(3): 35-39.

[12] 贾平，李辉，孙棕檀 . 国外 3D 打印技术在航天领域的应用分析 [J]. 国际太空，2015(4): 31-34

[13] Mcguire T, Hirsch M, Parsons M, et al. Design for an in-space 3D printer[C]. Sensors and Systems for Space Applications IX, 2016. DOI: 10. 1117 / 12. 2223536.

[14] Prater T, BeanQ, Werkheiser N , et al. Analysis of specimens from phase I of the 3D Printing in Zero G Technology demonstration mission[J]. Rapid Prototyping Journal, 2017, 23: 1212.

[15] Zou Y, Li W. China's deep-space exploration to 2030[J]. Chin. J. Space Sci., 2014, 5(34): 516-517.

[16] Hofmann D C, Kolodziejska J, Roberts S, et al. Compositionally graded metals: A new frontier

of additive manufacturing[J]. Journal of Materials Research, 2014, 29(17): 1899-1910.

[17] 李峰 . 3D 打印技术解决未来空间运输问题的方案设想 [J]. 战术导弹技术 , 2013 (6): 5 9.

[18] 周建平 . 我国空间站工程总体构想 [J]. 载人航天 , 2013 (2): 10.

[19] 马李 , 何录菊 , 邵先亦 , 等 . 电子束沉积 TiAl 合金的微观形貌及组织结构稳定性 [J]. 材料工程 , 2016, 44(1): 7.

[20]Cesaretti G, Dini E, Kestelier X D, et al. Building components for an outpost on the Lunar soil by means of a novel 3D printing technology[J]. Acta Astronautica, 2014, 93: 430-450.

[21]Hoyt R, Cushing J, Slostad J. SpiderFab™ : Process for On-Orbit Construction of Kilometer Scale Apertures[R]. NASA Innovative Advanced Concepts (NIAC), 2013.

[22]Gradl P R, Protz C, Fikes J, et al. Lightweight thrust chamber assemblies using ,multi-alloy additive manufacturing and composite overwrap[C]// AIAA Propulsion and Energy 2020 Forum, 2020.

[23]Martin-Iglesias P, Vorst M, Gumpinger J, et al. ESA's recent developments in the field of 3D-printed RF/microwave hardware[C]// 2017 11th European Conference on Antennas and Propagation (EUCAP), IEEE, 2017.

[24] 刘亦飞 , 李亮 , 王功 , 等 . 空间金属增材制造技术应用 [J]. 空间科学学报 , 2018, 38(3): 6.

[25]Neil L, 朱蔚然 . 太空 3D 打印 [J]. 建筑技艺 , 2020, (8): 5.

[26] 苏介甫 , 石岩 , 屈晓松 , 等 . 新型 3D 打印宽带介质谐振器导航天线设计 [C]// 中国卫星导航年会 , 2019.

[27]Zheng Y C, Wang S J, Li C L, et al. The development of CAS-1 lunar soil simulant[C]// International Lunar Conference, 2005.

[28]Hafley R, Taminger K, Bird R. Electron beam freeform fabrication in the space environment[C]// Aiaa Aerospace Sciences Meeting & Exhibit, 2007.

[29]Fiske M R, Mcgregor W, Pope R, et al. Lunar in situ materials-based surface structure technology development efforts at NASA/MSFC[C]// Aip Conference Proceedings, 2007.